酷科学

通信的革命

张红琼◎主编

时代出版传媒股份有限公司
安徽美术出版社
全国百佳图书出版单位

图书在版编目（CIP）数据

通信的革命/张红琼主编．—合肥：安徽美术出版社，2013.3（2021.11重印）　（酷科学．科技前沿）

ISBN 978-7-5398-4234-9

Ⅰ.①通… Ⅱ.①张… Ⅲ.①通信-青年读物②通信-少年读物　Ⅳ.①TN91-49

中国版本图书馆 CIP 数据核字（2013）第 044366 号

酷科学·科技前沿
通信的革命

张红琼 主编

出 版 人：王训海
责任编辑：张婷婷
责任校对：倪雯莹
封面设计：三棵树设计工作组
版式设计：李　超
责任印制：缪振光

出版发行：时代出版传媒股份有限公司
　　　　　安徽美术出版社　（http://www.ahmscbs.com）
地　　址：合肥市政务文化新区翡翠路 1118 号出版传媒广场 14 层
邮　　编：230071
销售热线：0551-63533604　0551-63533690
印　　制：河北省三河市人民印务有限公司
开　　本：787mm×1092mm　1/16　印张：14
版　　次：2013 年 4 月第 1 版　2021 年 11 月第 3 次印刷
书　　号：ISBN 978-7-5398-4234-9
定　　价：42.00 元

如发现印装质量问题，请与销售热线联系调换。
版权所有　侵权必究
本社法律顾问：安徽承义律师事务所　孙卫东律师

前言 PREFACE

通信的革命

　　人类历史经历了农业社会、工业社会，正逐步进入信息社会。信息是无时无处不存在的。在日常生活中，我们从电视或收音机里收看或收听的天气预报就是信息。当了解到天气变化时，人们就可以决定穿衣多少或者是否携带雨具。至于在经济、政治、军事等活动中，信息就更为重要了。

　　通信是为信息服务的，通信技术的任务就是要高速度、高质量，准确、及时、安全、可靠地传递和交换各种形式的信息。

　　19 世纪以前，漫长的历史时期内，人类传递信息主要是依靠人力、畜力，也曾使用信鸽或借助烽火等来实现。这些通信方式效率极低，都受到地理距离及地理障碍的极大限制。

　　1844 年，美国人莫尔斯在电报机上传递了第一条电报，大大缩小了通信时空的差距。1876 年，贝尔发明了电话，首次使相距数百米的两个人可以直接清晰地进行对话。随着社会的发展，人们对信息传递和交换的要求越来越高，通信技术得到了迅猛的发展。

　　想了解更多的通信技术么，本书将为你一一介绍通信的发展历程，原始的通信方式，漫话邮政通信，电信时代的通信技术，现代移动通信技术，计算机与数据通信，现代通信时代的生活等，让你了解通信技术的奥秘。

CONTENTS 目录 通信的革命

通信的发展历程

- 最原始的通信 2
- 邮政的兴起 3
- 电报机的出现 5
- 电话的由来 8
- 无线寻呼的发展 11
- 移动通信的产生 12
- 计算机互联网与数据通信 15

原始的通信方式

- 滚滚狼烟报军情 18
- 旗子的"语言" 19
- 风筝传讯 23
- 孔明灯的来历 24
- 热气球飞越大海 26
- 信鸽的作用 28
- 击鼓传令 30
- 最初的马拉松赛跑 32
- 各种有趣的通信方式 34

漫话邮政通信

邮政的起源 38

信笺的由来 40

最早的信封 43

邮箱的来历 45

邮票的来历 48

邮　戳 51

邮票上的齿孔 52

邮政编码的使用 54

集邮的由来 55

世界邮票之最 57

我国邮政的发展史 61

电信时代的通信技术

电信时代的序幕 74

贝尔与电话 75

是谁敲开了电磁波的"大门" 76

传真机的发明者——爱德华·贝兰 79

电话的历程 80

无线电波家族 87

程控电话的应用 96

电传打字电报机 98

无形的信箱 100

电信时代影响巨大的发明——三极管 102

神奇的微波通信 ………………………………… 105
奇异的光纤通信 ………………………………… 107
各种各样的移动通信 …………………………… 108
卫星通信的实现 ………………………………… 112

现代移动通信技术

移动通信的发展 ………………………………… 116
由汽车通信引发的通话烦恼 …………………… 118
第三代移动通信技术及其特征 ………………… 122
第三代移动通信系统的特征 …………………… 125
无绳电话的新秀——PHS ……………………… 128
GSM 数字移动通信系统 ………………………… 132
CDMA 数字移动通信系统 ……………………… 137
变幻无穷的跳频电话 …………………………… 140
个人通信全球化 ………………………………… 142

计算机与数据通信

"第三种通信方式"——数据通信 …………… 146
计算机网络及其功能 …………………………… 147
计算机网络的发展 ……………………………… 148
计算机网络的组成及分类 ……………………… 151
数据通信的基本知识 …………………………… 155
模拟信号与数字信号 …………………………… 156
图像通信 ………………………………………… 160
水乳交融的计算机与通信 ……………………… 161

现代通信时代的生活

多媒体技术和"信息高速公路" ……… 166

神奇的网络电视 ……… 171

21世纪的电脑——光脑 ……… 174

"远程医疗"悄然而至 ……… 175

未来的电子病历——光卡 ……… 177

21世纪的战争——信息战 ……… 179

移动通信新时尚——3G ……… 182

电子移民 ……… 188

信息技术的负面效应 ……… 190

网络警察 ……… 194

电话"管家" ……… 199

告别了电话簿的国家 ……… 203

无纸时代 ……… 204

非同寻常的全球定位系统——GPS ……… 206

无所不能的虚拟现实技术 ……… 210

数字化与现代生活 ……… 213

通信的革命

通信的发展历程

　　通信技术的发展是伴随科技的发展和社会的进步而逐步发展起来的。早在古代，人们就寻求各种方法实现信息的传输。我国古代利用烽火传送边疆警报，古希腊人用火炬的位置表示字母符号，这种光信号的传输构成了最原始的光通信系统。然而，这些方法无论是在距离和速度还是可靠性与有效性方面仍然没有明显的改善。

　　19世纪，人们开始研究如何用电信号传送信息。1876年，贝尔发明了电话，直接将声信号转变为电信号导线传送。1901年，马可尼成功地实现了横跨大西洋的无线电通信。从此，传输电信号的通信方式得到广泛应用和迅速发展。

通信的革命

最原始的通信

　　凡是到过长城的人，都会发现长长的城墙相隔一定距离处，就有一个泥土和石堆砌成的方形垒台，它离地七八米，比一般城墙高出一截，这就是烽火台，亦称烟墩、墩堠、狼烟台等。在2700多年前，我国就开始用"烽火"这种通信工具传递军事消息了。那时在边疆一带，设置了很多烽火台，平时上面堆满了柴草和干狼粪，由戍卒昼夜轮流看守。一旦遇有情况，夜间则举火，就是点燃柴草，使火光冲天；白昼则举烟，就是将狼粪点燃，因为狼粪燃烧时其烟直上且不受轻风干扰，即使在很远的地方也能看见，所以烽火台又称狼烟台，举烽火又称举狼烟。这样一台接一台地燃放烽火，就可以把消息传到远处。军队见到那熊熊的火光或滚滚的浓烟，就会立即整鞍备马，准备迎击。唐诗中就有"孤山几处看烽火，壮士连营候鼓鼙"的句子记载烽火台之事。

　　《东周列国志》上还记载了一个"幽王烽火戏诸侯"的故事。这个故事是关于烽火通信的最早的传说。从这个传说里，可以看到烽火的作用——开始就是用来"报警"的。

长城上的烽火台

　　到了汉代，为了抵抗北部匈奴的侵略，几十万将士昼夜守卫在万里长城上。那时在蜿蜒的长城上，每相隔一两百米就修筑一个烽火台。根据敌情的不同，采用不同的举火放烟的方式。如敌人在500人以下时，放一道烽火；在500人以上时，放两道烽火。有时还可以数台同时举放，或是按先后次序举放，再加上举放方式和次数的不同，就可以交叉变化成多种不同的信号，传达相当复杂的军事情报了。

古时对烽火台的管理也是很严密的。据说是 2.5 千米为一燧，5 千米为一墩，15 千米为一堡，50 千米为一城塞，按照行政区划，分属于各地地方官吏管辖。在地方最高长官太守以下，再专设都尉、障尉、燧长等各级军官来具体负责举放烽火事宜。各台烽火还按照远近大小的不同，分别配备 3~30 个士卒。在甘肃居延地区汉代烽火台遗址中发现的大量简册中就有各塞间举放烽火的条例（即联防公约），条例根据匈奴入侵扰的不同部位、人数、时间、动向以及天气异常等各种情况，规定了各塞举放烽火的类别、数量以及发生失误如何纠正等，可见当时烽火台的组织机构和管理制度是多么严密。正因如此，它对防守边疆、抵御外族入侵，曾发挥过重要作用。

这种用烽火传递军情的通信方法，在我国历史上一直延续到明清两代。

除此之外，原始的通信工具还包括风筝、天灯、旗子、热气球等。

邮政的兴起

邮政，是由国家管理或直接经营寄递各类邮件（信件或物品）的通信部门，具有通政、通商、通民的特点。

邮驿，中国古代官府设置驿站，利用马、车、船等传递官方文书和军情，可上溯到 3000 年前，是世界上最早的邮政雏形。

中国邮政

英国人希尔从 1835 年开始研究英国的邮政改革问题，在 1837 年 1 月出版了著名的小册子：《邮政改革的重要性和实行办法》。在书里，他提出了邮政改革的建议：①由寄信人预付邮资；②英国本土范围内，邮寄重量每半盎司（约 14 克）统一收取 1 便士邮资；③邮资收款问题"可以用一小块印上戳记的纸来解决"，"这种纸的大小与邮戳相仿，背面涂有一层薄胶，人们只要弄湿背面的薄胶就可以贴

通信的革命

在信的背面，从而不必再到邮局面交信件"。

自1840年鸦片战争后，中国先后出现了半封建半殖民的邮政，中华民国时期的中华邮政，中国革命战争时期的人民邮政，新中国建立以来为人民邮电事业及国民经济发展作出贡献的邮政，为适应新时期国民经济发展需要而改革的邮政及未来与民生发展密切相关的邮政。

"中国近代邮政起源"的档案文献，反映了1877年始全国海关总税务司赫德与北洋大臣李鸿章，指派天津海关税务司德璀琳建立并推广邮电业务的历史；反映了1896年清政府批准海关正式开办"大清邮局"及"大清邮政津局"的艰难、曲折的创业历程；特别是反映了组建近代邮政网络机构、邮件传递、邮务管理、邮票发行等方面的情况；记录了组建中国首家近代邮政机构——海关书信馆以及中国第一邮政代办机构——华洋书信馆和筹备发行中国首枚邮票——大龙邮票的内容；记录了形成官办及官督商办邮政的组织格局，并以天津为中心在五口乃至全国主要地区建立由海关调控的邮政机构网络及以天津海关为业务邮运中心、辐射全国便利快捷的通信网络情况。这部分档案文献的特点是除具系统性外，还具稀有性。记录天津海关税务司筹办近代邮政的原始信函，实属档案珍品，对研究全国邮政史具有重要的参考价值。

知识小链接

李鸿章

李鸿章（1823—1901），安徽合肥人，本名章桐。作为淮军创始人和统帅、洋务运动的主要倡导者之一、晚清重臣，他官至直隶总督兼北洋通商大臣，授文华殿大学士。

新中国成立初期，中国邮政通信网的基础很差，网点稀少，设备陈旧。1949年底，全国只有邮电局、所26328个，每个邮电局、所平均服务面积364.6平方千米，平均服务人口2.1万人，业务种类仅有函件、包件、汇票等几种，每人平均函件量仅有1.1件，全年邮政业务总量1.35亿元，邮政业务收入6208.4万元。

新中国成立以后，特别是国家实行改革开放以来，中国邮政持续、快速、健康发展，邮政网络四通八达，覆盖全国、联通世界，整体实力不断增强，逐步走出了一条具有中国特色的邮政发展道路。主要表现在：通信能力明显增强、技术装备水平明显提高、业务经营工作成效显著、服务水平不断提高、对外合作交流日益增强。

电报机的出现

莫尔斯作为一名画家是成功的。莫尔斯曾两度赴欧洲留学，在肖像画和历史绘画方面成了当时公认的一流画家，1826—1842年任美国画家协会主席。但一次平常的旅行，却改变了莫尔斯的人生轨迹。电报机也因此而登上了历史舞台，从此，通信史翻开了崭新的一页。

1832年10月1日，一艘名叫"萨丽号"的邮船满载旅客，从法国北部的勒阿弗尔港驶向纽约。莫尔斯乘坐这条船前往美国。

> **你知道吗**
>
> **莫尔斯**
>
> 莫尔斯是一名享有盛誉的美国画家，出生在美国马萨诸塞州的查尔斯顿。莫尔斯最初的职业是油漆工。1844年，莫尔斯从华盛顿到巴尔的摩拍发人类历史上的第一份电报。在座无虚席的国会大厦里，莫尔斯用激动得有些颤抖的双手，操纵着他倾十余年心血研制成功的电报机。1872年，莫尔斯于纽约逝世。

就在这次旅途中，莫尔斯结识了杰克逊。杰克逊是波士顿城的一位医生，也是一位电学博士。此次他是在巴黎出席了电学研讨会之后回国的。闲聊中，杰克逊把话题转到电磁感应现象上。

"什么叫电磁感应？"莫尔斯好奇地问。

于是，健谈的杰克逊用通俗的语言介绍了电磁感应现象。说着，杰克逊从旅行袋中取出一块马蹄形的铁块以及电池等。他解释道："这就叫电磁铁。在没有电的情况下，它没有磁性；通电后，它就有了磁性。"

"这真是太神奇了！"莫尔斯仿佛看见了一个奇妙无比的新天地。于是，

通信的革命

早期的电报机

他又向杰克逊请教了许多电的基础知识，比如电的传递速度等。

莫尔斯完全被电迷住了，连续几个晚上都失眠了。他想：电的传递速度那么快，能够在一瞬间传到千里之外，加上电磁铁在有电和没电时能作出不同的反应，利用它的这种特性不就可以传递信息了吗？他想起了船长给他讲过的哥伦布"大海传信"的故事。信息传递是多么重要啊！

41岁的莫尔斯——这位颇有成就的绘画教授决定放弃他的绘画事业，发明一种用电传信的方法——电报。

从此，莫尔斯走上了科学发明的崎岖道路。没有电学知识，他便如饥似渴地学习。遇到一些自己不懂的问题，他便向大电学家亨利等请教。他的画室也成了电学实验室。画架、画笔、石膏像等都被堆在角落，电池、电线以及各种工具成了房间的"主角"。

很快，莫尔斯就掌握了电磁基本知识。他准备正式向"电报"发起冲击。

拓展阅读

电磁感应现象

电磁感应现象是指放在变化磁通量中的导体，会产生电动势。此电动势称为感应电动势或感生电动势，若将此导体闭合成一回路，则该电动势会驱使电子流动，形成感应电流（感生电流）。

莫尔斯从有关资料中得知，在他之前，早就有人设想用电传递信息。早在1753年，当时人类对电的认识还处在静电感应时代，一位叫摩立孙的电学家，就曾做过这样一个实验：架设26根导线，每根导线代表一个字母。这样，当导线通电时，在导线的另一端，相应的纸条就被吸引，并记下这个字母。当时由于电源问题没有解决，因此，摩立孙的实验未能进一步深入。

3 年过去了，莫尔斯不知画过多少张设计草图，做过多少次实验，可每一次都以失败而告终。他的积蓄也全部用完了，生活十分贫困。他在给朋友的信中写道："我被生活压得喘不过气了！我的长袜一双双都破烂不堪，帽子也陈旧过时了。"

为了维持生活，莫尔斯于 1836 年不得不重操旧业，担任纽约大学艺术及设计教授。课余时间，他仍然继续从事电报发明工作。

莫尔斯也开始反思自己失败的原因，以便确定下一阶段的研制方向。他想到，在他之前的科学家，往往是为了表达 26 个英文字母而设计了极为复杂的设备，而复杂的设备制作起来谈何容易。他意识到，必须把 26 个英文字母的信息传递方法加以简化，这样电报机的结构才会简单一些。于是，他在科学笔记中写道："电流是神速的，如果它能够不停顿地走 10 英里（约 16 千米），我就让它走遍全世界。电流只要截断片刻，就会出现火花；没有火花是另一种符号；没有火花的时间长些又是一种符号。这里有三种符号可以组合起来，代表数字和字母。它们可以构成全部字母，这样文字就能够通过导线传送了。其结果，在远处能记录消息的崭新工具就能实现了！"

广角镜

电流

电流是指电荷的定向移动。电源的电动势形成了电压，继而产生了电场力，在电场力的作用下，处于电场内的电荷发生定向移动，形成了电流。电流的大小称为电流强度（简称电流，符号为 I），是指单位时间内通过导线某一截面的电荷量，每秒通过 1 库仑的电量称为 1 安培（A）。

"用什么符号代替 26 个英文字母呢？"莫尔斯苦苦思索。他画了许多符号：点、横线、曲线、正方形、三角形。最后，他决定用点、横线和空白共同承担起发报机的信息传递任务。他为每一个英文字母和阿拉伯数字设计出代表符号，这些代表符号由不同的点、横线和空白组成。这是电信史上最早的编码。后人称它为"莫尔斯电码"。

有了这种电码，莫尔斯马上着手研制电报机。他在极度贫困的状态下，进行研制工作，终于在 1837 年 9 月 4 日，莫尔斯制造出了一台电报机。它的发报装置很简单，是由电键和一组电池组成。按下电键，便有电流通过。按的时间短促表示点信号，按的时间长些表示横线信号。它的收报机装置较复杂，是由一只电磁铁及有关附件组成的。当有电流通过时，电磁铁便产生磁性，这样由电磁铁控制的笔也就在纸上记录下点或横线。这台发报机的有效工作距离为 500 米。之后，莫尔斯又对这台发报机进行了改进。

该在实践中检验发报机的性能了。莫尔斯计划在华盛顿与巴尔的摩两个城市之间，架设一条长约 64 千米的线路。为此，他请求美国国会资助 3 万美元，作为实验经费。国会经过长时间的激烈辩论，终于在 1843 年 3 月通过了资助莫尔斯实验的议案。

1844 年 5 月 24 日，在华盛顿国会大厦联邦最高法院会议厅里，进行电报发收实验。年过半百的莫尔斯在预先约定的时间，兴奋地向巴尔的摩发出人类历史上的第一份电报。他的助手很快收到了那份只有一句话的电报："上帝创造了何等的奇迹！"

电报的发明，揭开了电信史上新的一页。

电话的由来

对于大多数人来说，每当提到电话的发明，他们一定会联想到贝尔。贝尔进行了大量研究，探索语音的组成，并在精密仪器上分析声音的振动。在实验仪器上，振动膜上的振动被传送到用炭涂黑的玻璃片上，振动就可以被"看见"了。接下来，贝尔开始思考有没有可能将声音振动转化成电子振动。这样就可以通过线路传递声音了。几年下来，贝尔尝试着发明了几套电报系统。渐渐地，贝尔萌生了一个想法：发明一套能通过一根线路同时传送几条信息的机器。他设想通过几片衔铁协调不同频率。在发送端，这些衔铁会在某一频率截断电流，并以特定频率发送一系列脉冲。在接收端，只有与该脉冲频率相匹配的衔铁才能被激活。实验中，贝尔偶然发现沿线路传送电磁波可以传输声音信号。经过几次实验，声音可以稳定地通过线路传输了，只是仍然不清晰。由于繁重的教学任务，很长时间里他的研究都没有进展。1876 年，在贝尔 30 岁生日前夕，通过电线传输声音的设想意外地得到了专利认证。贝尔重新燃起了研究的热情。1876 年 3 月 10 日，贝尔的电话宣告了人类历史新时代的到来。

然而贝尔并不是唯一致力于发明电话的人。一个叫格雷的人就曾与贝尔展开过关于电话专利权的法律诉讼。格雷与贝尔在同一天申报了专利，但由于在具体时间上比贝尔晚一点（只晚了两个小时左右），最终败诉。

其实，关于电话的发明我们还应该想到另一个默默无闻的意大利人：1845 年移居美国的安东尼奥·梅乌奇。梅乌奇痴迷于电生理学研究，他在不经意间发现电波可以传输声音。1850—1862 年，梅乌奇制作了几种不同形式的声音传送仪器，称作"远距离传话筒"。可惜的是，梅乌奇生活潦倒，无力保护他的发明。当时申报专利需要交纳 250 美元的申报费用，而长时间的研究工作已经耗尽了他所有的积蓄。梅乌奇的英语水平不高，这也使他无法了解该怎样保护自己的发明。随后，命运又给了梅乌奇一个更大的打击。1870 年，梅乌奇患上了重病，不得不以区区 6 美元的低价卖掉了自己发明的通话设备。为了保护自己的发明，梅乌奇试图获取一份被称作"保护发明特许权请求书"的文件。为此，他每年需要交纳 10 美元的费用，并且每年需要更新一次。3 年之后，梅乌奇沦落到靠领取社会救济金度日的地步，付不起手续费，请求书也随之失效。

1874 年，梅乌奇寄了几个"远距离传话筒"给美国西联电报公司，希望能将这项发明卖给他们。但是，他并没有得到答复。当请求归还原件时，他被告知这些机器不翼而飞了！

> **趣味点击　贝　尔**
>
> 贝尔是一位美国发明家和企业家。他获得了世界上第一台可用的电话机的专利权（发明者为意大利人安东尼奥·梅乌奇），创建了贝尔电话公司（AT&T 公司的前身）。他被世界誉为"电话之父"。

早期的电话

通信的革命

2 年之后，贝尔的发明面世，并与西联电报公司签订了巨额合同。梅乌奇为此提起诉讼，最高法院也同意审理这个案件。但是，1889 年梅乌奇过世，诉讼也不了了之了。

直到 2002 年 6 月 15 日，美国议会通过议案，认定安东尼奥·梅乌奇为电话的发明者。如今在梅乌奇的出生地佛罗伦萨有一块纪念碑，上面写着："这里安息着电话的发明者——安东尼奥·梅乌奇。"

在贝尔和格雷两个之前，欧洲已经有很多人在进行这方面的设想和研究。早在 1854 年，电话原理就已由法国人鲍萨尔设想出来了，6 年之后德国人赖伊斯又重复了这个设想。原理是：将两块薄金属片用电线相连，一方发出声音时，金属片振动，变成电，传给对方。但这仅仅是一种设想，问题是送话器和受话器的构造，怎样才能把声音这种机械能转换成电能，并进行传送。

你知道吗

受话器

受话器也叫听筒，是一种在无声音泄漏条件下将音频电信号转换成声音信号的电声器件，广泛用于移动电话、固定电话等通信终端设备中，实现音频（语音、音乐）重放。

基本小知识

送话器

送话器是用来将声音转换为电信号的一种器件，它将话音信号转化为模拟信号。送话器又称为麦克风、微音器、拾音器等。

最初，贝尔用电磁开关来形成一开一闭的脉冲信号，但是这对于声波这样高的频率，这个方法显然是行不通的。最后的成功源于一个偶然的发现。1875 年 6 月 2 日，在一次实验中，他把金属片连接在电磁开关上，没想到在这种状态下，声音奇妙地变成了电流。分析原理，原来是由于金属片因声音而振动，在其相连的电磁开关线圈中感生了电流。现在看来，这原理就是一个学过初中物理的学生也知道，但是那个时候这对于贝尔来说无疑是非常重要的发现。

格雷的设计原理与贝尔有所不同，是利用送话器内部液体的电阻变化，而受话器则与贝尔的完全相同。1877 年，爱迪生又取得了发明炭粒送话器的专利。

无线寻呼的发展

无线寻呼是一种传送呼叫信号的单向个人选呼系统，将选呼信号发送给携带寻呼机（俗称 BP 机）的移动用户。寻呼机很轻巧，携带使用方便。

一个简单的寻呼系统由 3 部分构成：寻呼中心、基站和寻呼接收机。当主叫用户要寻找某一个被叫用户时，他可利用市内电话拨通寻呼台，并告知被叫用户的寻呼编号，用户的姓名，回电话号码及简短的信息内容。话务员将其输入计算机终端，经过编码设置，最后由基站无线电发射机发送出去。被叫用户如在它的覆盖范围内，他身上的寻呼接收机则会收到无线寻呼信号，并发出哔哔声或振动。同时，把收到的信息存入存储器，并在液晶显示屏上显示出来。这时被叫用户就可获得所传信息，或回主叫用户一个电话进行联系。这是呼叫中心由人工控制的情况。如果呼叫中心是自动控制时，整个过程由寻呼中心的计算机来进行。

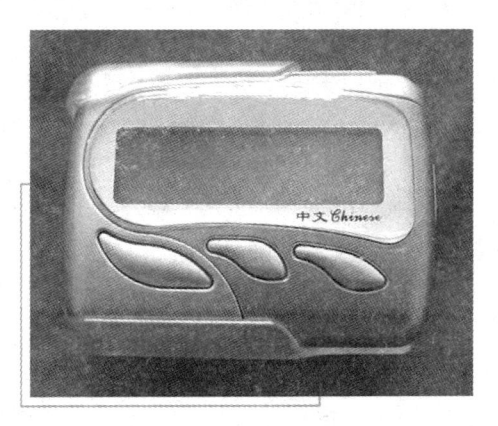

第一代 BP 机

无线寻呼的组网方式可分为本地寻呼网、区域寻呼网和全国寻呼网。

寻呼接收机外观小巧，但内部却是一个五脏俱全的无线电接收机，其工作原理与普通电台相同，一般由射频接收单元和逻辑控制单元两大部分组成。射频接收单元由天线、高放、混频、中放及滤波、限幅放大和鉴频等电路组成。逻辑控制单元由微处理器、译码器、综合功能接口组件、地址和功能数据存储器、液晶显示器和升压电路等组成。一般要求体积小，耗电少，可靠性高，便于携带，并具有好的防尘、防震和抗冲击性能。市场上除音响式寻呼机外，尚有数字显示寻呼机和汉字显示寻呼机。

随着科学技术的发展，在我国，寻呼机已成为历史。

知识小链接

译码器

译码器是组合逻辑电路的一个重要的器件，其可以分为变量译码和显示译码两类。变量译码一般是一种较少输入变为较多输出的器件，一般分为2n译码和8421BCD码译码两类。显示译码主要解决二进制数显示成对应的十或十六进制数的转换功能，一般可分为驱动LED和驱动LCD两类。

移动通信的产生

移动通信是移动体之间的通信，或移动体与固定体之间的通信。移动体可以是人，也可以是汽车、火车、轮船、收音机等在移动状态中的物体。移动通信系统由以下两部分组成：

（1）空间系统。

（2）地面系统：①卫星移动无线电台和天线；②关口站、基站。

趣味点击　蜂窝电话系统

蜂窝，是cell phone翻译过来的，cell有细胞的意思。一般将其称作为：用于描述一种移动无线电话应用，它将给定区域分成小的子区域，称为小区。蜂窝移动电话系统是20世纪70年代初美国贝尔实验室提出的，在给出了蜂窝系统覆盖小区的概念和相关理论之后，该系统得到迅速发展。

移动通信系统从20世纪80年代诞生以来，到2020年将大体经过5代的发展历程。到第四代（4G），除蜂窝电话系统外，宽带无线接入系统、毫米波LAN、智能传输系统（ITS）和同温层平台（HAPS）系统将投入使用。未来几代移动通信系统最明显的趋势是要求具有高数据速率、高机动性，并实现无缝隙漫游。实现这些要求在技术上将面临更大的挑战。此外，系统性能（如蜂窝规模和传输速率）在很大程度上将取决于频率的高低。考虑到这些技术问题，有的系统将侧重提供高数据速率，有的系统将侧重增强机动性或扩大覆盖范围。

从用户角度看，可以使用的接入技术包括：蜂窝移动无线系统，如3G；无绳系统，如DECT；近距离通信系统，如蓝牙和DECT数据系统；无线局域网（WLAN）系统；固定无线接入或无线本地环系统；卫星系统；广播系统，如DAB和DVB－T；ADSL和Cable Modem。

> **你知道吗**
>
> **无线局域网**
>
> 无线局域网络是相当便利的数据传输系统，它利用射频的技术，取代旧式碍手碍脚的双绞铜线所构成的局域网络，使得无线局域网络能利用简单的存取架构让用户透过它，达到"信息随身化，便利走天下"的理想境界。

移动通信的种类繁多。按使用要求和工作场合的不同可以分为：

（1）集群移动通信，也称大区制移动通信。它的特点是只有一个基站，天线高度为几十米至百余米，覆盖半径为30千米，发射机功率可高达200瓦，用户数为几十至几百，可以是车载台，也可是以手持台。它们可以与基站通信，也可通过基站与其他移动台及市话用户通信，基站与市站有线网连接。

（2）蜂窝移动通信，也称小区制移动通信。它的特点是把整个大范围的服务区划分成许多小区，每个小区设置一个基站，负责本小区各个移动台的联络与控制，各个基站通过移动交换中心相互联系，并与市话局连接。利用超短波电波传播距离有限的特点，离开一定距离的小区可以重复使用频率，使频率资源可以被充分利用。每个小区的用户在1000以上，全部覆盖区

移动通信基站

通信的革命

最终的容量可达 100 万用户。

（3）卫星移动通信。利用卫星转发信号也可实现移动通信，车载移动通信可采用赤道固定卫星，而手持终端采用中低轨道的多颗星座卫星较为有利。

（4）无绳电话。如是室内外慢速移动的手持终端的通信，则采用小功率、通信距离近的、轻便的无绳电话机。它们可以经过通信点与市话用户进行单向或双向的通信。

使用模拟识别信号的移动通信，称为模拟移动通信。为了增加容量，提高通信质量和增加服务功能，目前大都使用数字识别信号，即数字移动通信。在制式上则分为时分多址（TDMA）和码分多址（CDMA）两种。前者在全世界有欧洲的 GSM 系统（全球移动通信系统）、北美的双模制式标准 IS-54 和日本的 JDC 标准。如码分多址，则有美国 Qualcomm 公司研制的 IS-95 标准的系统。总的趋势是数字移动通信将取代模拟移动通信。在 21 世纪作为全球信息高速公路的重要组成部分，移动通信将有更为辉煌的未来。

广角镜

码分多址

CDMA 是码分多址的英文缩写，它是在数字技术的分支——扩频通信技术上发展起来的一种崭新而成熟的无线通信技术。CDMA 技术的原理是基于扩频技术，即将需传送的具有一定信号带宽的信息数据，用一个带宽远大于信号带宽的高速伪随机码进行调制，使原数据信号的带宽被扩展，再经载波调制并发送出去。接收端使用完全相同的伪随机码，与接收的带宽信号做相关处理，把宽带信号换成原信息数据的窄带信号即解扩，以实现通信。

知识小链接

时分多址

时分多址把时间分割成互不重叠的时段（帧），再分割成互不重叠的时隙（信道），它与用户具有一一对应关系，并依据时隙区分来自不同地址的用户信号，从而完成多址连接。这是通信技术中基本多址技术之一，是一种数字传输技术，将无线电频率分成不同的时间间隙来分配给若干个通话。

计算机互联网与数据通信

数据通信是通信技术和计算机技术相结合而产生的一种新的通信方式。要在两地间传输信息必须有传输信道，根据传输媒体的不同，有有线数据通信与无线数据通信之分。但它们都是通过传输信道将数据终端与计算机连接起来，而使不同地点的数据终端实现软、硬件和信息资源的共享。

国际互联网是一个世界性的网络，它能够把世界上许许多多的计算机网络都连接起来，使得网上的所有用户都可以互相联络，并实现信息资源的共享。

互联网最早产生于美国。1969年，美国国防部为了把美国从事国防研究的计算机连接起来，以便协同工作，实现信息资源的共享，便建立了一个名为ARPA网的实际网络。这可以说是互联网的雏形。接着，美国国家科学基金会为连接五大超级计算机中心而建立的NSF网，能源科学网、航天科学网、商业网等纷纷加盟；世界各国的计算机网也不甘落后，不断加入到互联网中来，使之由一国之网变成为覆盖全球的公用网——国际互联网。

连接到国际互联网上的每个用户都可以成为信息的提供者，也可以分享网上的所有信息。因而有人称它为"网络世界的'世界语'"。

国际互联网上的信息包罗万象，取之不尽。人们可以通过国际互联网向某一特定用户或一群用户传送电子邮件。这种传送方式时效性强、费用低，而且可实现多媒体传输。它大有取代现有"传真"功能的趋势。国际互联网上的另一项服务叫"远程

计算机

通信的革命

登录"。这项服务使得网上的用户可以任意地利用网上对外开放的数据库资源，如查阅电子图书馆目录、调阅商业数据库信息以及从有关科学技术、文学艺术的数据库中获取你所需要的信息等。国际互联网上的第三项服务叫做文件传送服务，它允许网上用户将一台计算机上的信息传送给另一台计算机，传送的内容可以是一般文件，也可以是多媒体文件……国际互联网所能提供的服务还远不止这些，例如，还有布告牌服务、电子论坛服务、信息查询浏览服务、新闻服务等。国际互联网的应用领域也越来越广泛，如网上求职、网上游戏等。计算机互联网技术与通信技术水乳交融地相互渗透、相互促进，使人们相互交流的手段更加丰富和多样化。

1995年4月，我国邮电部经营管理的中国公用计算机互联网 CHINANET 向社会正式开放。它还通过高速数字专线与国际互联网互联，将人们带进一个崭新的全球性网络世界。

通信的革命

原始的通信方式

任何一个事物的发展都要经历一个漫长的过程，在古代，就有了最原始的通信方式。

从烽火传军情到旗子通信，到风筝传讯，再到孔明灯、热气球等，经历了一个非常漫长的过程。

经过反复研究和实验，人们发现了一个又一个更简单的通信方式。它们将造福我们未来的一代又一代人。

本章会为大家展现各种有趣的原始通信方式。

通信的革命

滚滚狼烟报军情

"烽火"是我国古代用以传递边疆军事情报的一种通信方法，始于商周，延至明清，相袭 2700 多年，其中尤以汉代的烽火组织规模为大。

在我国的历史上，有一个为了讨得美人欢心而随意点燃烽火，最终导致亡国的"烽火戏诸侯"的故事。相传周幽王昏庸无道，到处寻找美女。大夫越叔带劝他多理朝政。周幽王恼羞成怒，革去了越叔带的官职，把他撵出去了。这引起了大臣褒响的不满。褒响来劝周幽王，但被周幽王一怒之下关进监狱。褒响在监狱里被关了 3 年。他的儿子将美女褒姒献给周幽王，周幽王才释放褒响。周幽王一见褒姒，喜欢得不得了。褒姒却老皱着眉头，连笑都没有笑过一回。周幽王想尽法子引她发笑，她却怎么也笑不出来。虢石父对周幽王说："从前为了防备西戎侵犯我们的京城，在翻山一带建造了 20 多座烽火台。万一敌人打进来，就一连串地放起烽火来，让邻近的诸侯瞧见，好出兵来救。这时候天下太平，烽火台早没用了。不如把烽火点着，叫诸侯们上个大当。娘娘见了这些兵马一会儿跑过来，一会儿跑过去，就会笑的。您说我这个办法好不好？"

周幽王眯着眼睛，拍手称好。烽火一点起来，半夜里满天全是火光。邻近的诸侯看见了烽火，赶紧带着兵马跑到京城。听说大王在细山，又急忙赶到细山。没想到一个敌人也没看见，也不像打仗的样子，只听见奏乐和唱歌的声音。大家我看你，你看我，都不知道是怎么回事。周幽王叫人去对他们说："辛苦了，各位！没有敌人，你们回去吧！"诸侯们这才知道上了大王的当，十分愤怒，各自带兵回

长城上的狼烟

去了。褒姒瞧见这么多兵马忙来忙去，于是笑了。周幽王很高兴，赏赐了虢石父。

隔了没多久，西戎真的打到京城来了。周幽王令赶紧把烽火点了起来。这些诸侯上回上了当，这回又当是在开玩笑，全都不理他。烽火点着，却没有一个救兵来，京城里的兵马本来就不多，只有一个郑伯友出去抵挡了一阵。可是他的人马太少，最后给敌人围住，被乱箭射死了。

这种用烽火传递军情的通信方法，在我国历史上一直延续到明清两代。例如明代，为了防止倭寇入侵，在海防军事要地曾设过许多狼烟台，山东省的烟台市就是因此而得名的。明代还规定在燃放烟火时要鸣炮，如明成化二年（1466年）就有明文规定，如果看到敌人："一二人至百余人，举放一烽一炮；五百人，二烽二炮；千人以上，三烽三炮；五千以上，四烽四炮；万人以上，五烽五炮。"

世界上其他一些古老的国家，也有不少用烽火通信的记载。据说古希腊历史学家波里比还进一步发明了一种"火光字母"来通信。他在每个烽火台上设立两面墙，墙上各有五个洞。波里比把希腊文的二十四个字母编成五个表。每个字母用火把放在一个固定的位置上来表示。这样，明亮的火光把字母一个个传递出去，就可以连缀成一个句子甚至整篇的文字了。

广角镜

光通信

光通信就是以光波为载波的通信。增加光路带宽的方法有两种：一是提高光纤的单信道传输速率；二是增加单光纤中传输的波长数，即波分复用技术（WDM）。事实上，光通信设备只适合在最后几千米的距离用。

烽火通信属于原始的光通信，它是人类通信活动中最古老的快速通信方法，无怪乎人们都把它誉为古代的"火光电报"。

旗子的"语言"

在日常生活中，有时人们要借助于小旗子来进行通信联络。比如，开运

通信的革命

动会时，发令员常常要用小旗子与计时员联系。当你乘坐火车进入车站时，也总会看到车站工作人员拿着红色和绿色的小旗子在站台上进行指挥。而在战争中，打出白色旗子表示投降，插上红色旗子表明胜利。航行在茫茫大海上的船只，双方船员会凭借不同旗帜组成的标志，了解对方的意思。凡此种种用小旗来"说话"的通信方式就叫作"旗语"。

旗语同手势、闪光、烟火等一样属于目视通信的范畴。用旗子作为通信工具，也是人类祖先的一大发明。

早在2000多年前，北方匈奴不断入侵，汉王朝为了及时击退入侵者的侵犯，以最快速度地调集军队，就用红布和白布做成旌旗，即古书中称为"表"的，作为联络之用。每当高高的城楼上出现表示紧急情况的旌旗时，远处的驻军就赶来接应。这或许是人类最早用旗子进行通信的方法了，在很长的一段时间里我国一直沿用着它。

用旗子形成旗语则是后来的事，那么旗语始于何时呢？大约在17世纪的时候，随着航海事业的发展，船舰之间为了通信联络的需要，就开始使用旗语了。通信时，水手站在船上，手持两面不同颜色的小旗子——白的、黄的或鲜红色的，高高举起一面旗子是一种信号，举起两面旗子是另一种信号，如果在空中挥舞，那又是一种信号，这样利用不同颜色的旗子和不同的动作，就可以传达各种不同的信息了。有时人们还在船的桅杆处升起五颜六色的旗子，用来表达比较复杂的意思。

到了18世纪末，法国人布普在旗语的启示下发明了一种远距离通信器——扬旗通信器。这在现代化的通信手段——电信发明以前，算是一种较为先进的通信方法了。1789年6月，生长在偏远农村的布普带着他创造的扬旗通信器，来到了首都巴黎，这个热情的青年想把自己的发明贡献给国家，为社会造福。他在巴黎公开地做了一次通信实验，实验进行得非常成功，扬旗通信器确实能够帮助人们遥远地传递消息。但当时的法国革命已经开始，国王和大臣们正在为自己的命运惴惴不安，对这个普通青年人的创造哪里会放在心上呢？布普碰了一鼻子灰，便只好又回到自己的故乡，和助手们进一步改进他的扬旗通信器。1792年他重新回到巴黎，经过艰苦的劳动，又制造出一部新的扬旗通信器，并且顺利地进行了公开实验。这时，法国革命已经成功，革命政府便拨出专款帮助他修造实验通信站。

原始的通信方式　🔍 SEARCH

基本小知识

电信

电信指利用电子技术在不同的地点之间传递信息的通信方式。电信包括不同种类的远距离通信方式。电信是信息化社会的重要支柱。无论是在人类的社会、经济活动中，还是在人们日常生活的方方面面，都离不开电信这个高效、可靠的手段。

这种扬旗通信器现在看来并不复杂，它是在一根高高的杆子的上端，装置上三块能活动的薄板，每一块薄板上都系着一条细绳，通讯员握着绳子的另一端进行操纵。只要牵动细绳，薄板就会随之改变原来的位置，当三块薄板同时向各方转动时，就可以组成不同的形状，形成各种符号了。布普一共设计出196种符号，他用每一种符号来代表一个字母或单字，这样就可以利用一组组不同的符号来表达不同的意思了。

为了使信号看得清楚，这种扬旗通信器必须架设在高大的楼房的房顶、山顶或特制的铁塔上，通信员还必须备有望远镜。这样，人们在10千米远处就可以清楚地看到通信站上的信号了。每个通信站，由两人昼夜轮流值班，在夜里或云雾天气下，就用灯光照射着来分辨信号。如果值班通信员在邻站的扬旗上发现了某种信号，必须立即在自己的所扬旗上作出同样的符号传给下一站。这样一站传一站，就像"接力"似的把信息传到远处，构成了各大城市之间的通信联络。

布普的第一条目视通信线于

拓展思考

望远镜

望远镜是一种利用凹透镜和凸透镜观测遥远物体的光学仪器。它利用通过透镜的光线折射或光线被凹镜反射使之进入小孔并会聚成像，再经过一个放大目镜而被看到，又称"千里镜"。望远镜的第一个作用是放大远处物体的张角，使人眼能看清角距更小的细节。望远镜第二个作用是把物镜收集到的比瞳孔直径（最大8毫米）粗得多的光束，送入人眼，使观测者能看到原来看不到的暗弱物体。

通信的革命

1794年7月完成。这条通信线架设在巴黎与里昂之间，相距120千米。同年9月1日，人们就在巴黎通过扬旗通信器收到了里昂发来的一个重要军事情报。这个情报经过20个通信站，用了3个小时，每小时能传递70千米，这个速度使当时的人们都感到震惊。

在布普的倡导下，法国在全国范围内建立了扬旗通信接力系统。欧洲其他一些国家也仿照着建设了一些扬旗通信线路。这样，信息就从普鲁士传到了彼得格勒，从柏林传到了特里尔，在当时发挥了重要的作用。据说1815年拿破仑从厄尔巴岛逃出去的消息，就是通过这种通信系统很快传到巴黎的。扬旗通信器在延伸通信距离，及时传递较多信息方面，确实向前迈出了一大步。

这种扬旗通信器对后世影响很大，现在铁路沿线使用的扬旗就是在它的启示下创建的。扬旗设在车站的两边，是铁路上传递信号用的。它是在一根立柱的顶端，装上能够活动的木板，板横着时表示路轨上没空，指示列车不要进站，板向下时就表示可以进站了。布普发明的这种扬旗通信器，通信能力仍然是有限的，而且一个致命缺点是不容易保密，它所传递的消息很容易被人半路截获，尤其是在战争期间，通信设备也易于被敌人破坏。正因为如此，这种扬旗通信仅仅过了半个世纪，就被更先进的电气通信方式取而代之。但是旗子通信还是继续在使用着。

旗子通信，到了现代有了新的发展。现代的舰船上一般都备有几套国际上共同的通信用的挂旗，它的每面旗都是由各色的旗纱制成的；每套40面，其中26面代表26个英文字母的方形或燕尾形旗，10面代表数目字的尖形旗，还有3面也是尖形的，叫做代替旗，1面呈梯形的答应旗。把这些小旗子按照明码或密码的次序挂到桅杆上，就可以表示一定内容的语言，互相通信联系了。我们在一些反映海战的电影中就可看到舰只之间用旗语进行联系，以及

舰艇上的旗语

主舰通过旗语调动舰船，变换队形。旗语有用挂旗来表达的，也有两个士兵站在高高的船台上用旗子做出各种姿势来进行对话的，这种用旗子"说话"的方式也叫旗语。在科学发达的今天，有时为了防备对方用电子仪器破译无线电讯号，有时为了指挥和联络相近的船只，旗语还常常发挥其重要的作用。

风筝传讯

著名的英国学者、研究中国科技史的专家李约瑟博士把风筝列为中华民族的一项向世界传播的重大的科学发明。

风筝的历史可追溯到2000多年以前。传说在春秋战国时代，巧匠公输班就曾仿照鸟的造型，"削竹为鹊，成而飞之，三日不下"。墨子也曾造成"木鸢"，这大概是风筝的前身。到了汉代，纸发明以后，人们又用竹篾做架，纸糊而成，这便成了"纸鸢"。后来，人们又在纸鸢上拴上一个竹笛，再放入高空，竹笛经风一吹，就会发出像古代弦乐器——筝一样的响声。"风筝"这个名字就是由此而来的。

唐代诗人高骈，有一首描述风筝的诗："夜静弦声响碧空，宫商信任往来风。依稀似曲才堪听，又被风吹别调中。"他告诉我们，当夜深人静的时候，风筝上的竹笛发出弦乐器一样的美妙声音，并在高高的蓝天中回响。这优美的乐声随着风在空中飘荡，当人们听出像某段乐曲还想再好好听一下时，它又被风吹断后转入为另一种曲调了。此诗惟妙惟肖地刻画了风筝和竹笛在高空中的可爱形象。

风筝传讯

最初的风筝并不是供人玩赏的工具，而是一种军需品，是为了军事上的需要而制作的。它的主要用途是用作军事侦察，或是用来传递信号和军事情报。到了唐代以后，风筝才逐渐成为一种娱乐的玩具，在民间流传开来。风筝用于军事，历史上记载颇多。战国时代的古书上，早就有"公输班为木鸢以窥守城"

通信的革命

的话。但这位传说中的能工巧匠，究竟是怎样用风筝来侦察敌情的，由于古书记载简单，今日已无从考证。

　　南北朝时候，曾有一个用风筝通信而遭到失败的故事。梁武帝太清三年（549年），侯景叛变，带兵把梁武帝萧衍困守在南京的台城，使梁武帝与外界失掉了联系。武帝的大将羊侃想叫小孩用放风筝的办法，暗藏告急诏书，送出城外搬救兵。这时，武帝的儿子萧纲恰巧从太极殿出来行至殿前，闻讯便乘着风力放起了风筝。侯景突然见到风筝从城中飞起，认为那是妖道施展的一种害人的巫术，便急令士兵用弓箭射之。只听弓弦响处，那只风筝便被射了下来。羊侃想用风筝通信的计划失败了。

知识小链接

梁武帝

梁武帝萧衍（464—549），字叔达，小字练儿，南兰陵中都里人，南梁政权的建立者，庙号高祖。萧衍是兰陵萧氏的世家子弟，为汉朝相国萧何的二十五世孙。

　　与之相反的是《新唐书》中记载的另一个有趣的故事，782年，唐朝的节度使田悦发动叛乱，带兵包围了临洺城，城中守将张伾固守城中，粮食快要吃尽了。这时朝廷派遣节度使马燧等前来救援。马燧见田悦的军队封锁严密，未敢轻进，就在城外较远的地方驻扎下来。张伾探听到这个消息，便巧妙地叫人放出带有联络信的风筝。叛军发觉后知道是联络用的，就纷纷向风筝发射了大量的箭，但无奈风筝飞得太高，用箭又怎能射中呢？后来风筝和携带的信件终于到达援军营地，使马燧与张伾取得了联系，两军联合，很快就把田悦打退了。

　　从风筝的诞生以及日后人类的文明史中都可以看出，它确实是与通信有着密不可分的关系。

孔明灯的来历

　　我们的祖先有过许多令后世子孙引以为豪的发明。就拿"灯"来说，就有成千上万种之多。什么鲤鱼灯、青蛙灯、兔子灯、走马灯、皮影灯……万千灯中有一种叫孔明灯的,就是流传广,深得大家喜爱并被用作通信的灯。

孔明灯又叫天灯,相传是由三国时的诸葛孔明(即诸葛亮)所发明。据说,此灯是诸葛亮在西南一带打仗时用它来给部队传递军情和信息的。当年,诸葛孔明被司马懿围困于阳平,无法派兵出城求救。孔明算准风向,制成会飘浮的纸灯笼,系上求救的信息,其后果然脱险,于是后世就称这种灯笼为孔明灯。另一种说法则是这种灯笼的外形像诸葛孔明戴的帽子,因而得名。所以,孔明灯的诞生不能不说是一个了不起的发明。

趣味点击　诸葛亮

诸葛亮,字孔明,号卧龙,汉族,琅琊阳都(今山东临沂市沂南县)人,三国时期蜀汉丞相,杰出的政治家、军事家、发明家、文学家。在世时被封为武乡侯,死后追谥忠武侯。后来东晋政权因为推崇诸葛亮军事才能,特追封他为武兴王。诸葛亮为匡扶蜀汉政权,呕心沥血,鞠躬尽瘁,死而后已。

孔明灯的制作方法,与一般灯笼大同小异,也用竹篾扎成骨架,四周用纸糊牢。在它底下开有一个小孔,使用时把装满松香的灯盏点燃后放在灯笼里,灯笼中的空气受热后就膨胀起来,一部分空气从底部的小孔中流出,重量不断减轻。由于热空气本身又很轻,于是灯笼外面的空气浮力就把灯笼托到空中。直到松香烧光之后,灯笼才会落下来。在不用机械,又无其他外力的帮助下,一只灯笼飘然升空,当然会引起人们的兴趣,尤其是一群灯笼在空中飘荡更显得雄伟壮观。现在西双版纳的傣族群众,遇到节庆,也喜欢放这种孔明灯——今天它已完全变成一种玩赏、娱乐的工具了。

冉冉升空的孔明灯

热气球飞越大海

欧洲的热气球比我国的孔明灯晚了1500多年。

1783年，法国的蒙格菲兄弟往麻布上贴纸的气球里充进烧热的空气，成功地使热气球升上了天，并飞行了约25分钟，高度达300米，距离约8千米。以后人们用热气球装上吊篮，由火嘴加热，把变轻的空气存入到气球内，热气球就上升。如要热气球下降或落地，人们就把火嘴熄灭，降低温度，空气变凉后变重，热气球就自然下降。1783年11月23日，两名志愿者在人群的欢呼声中爬进了热气球的吊篮。点火后，热气球渐渐上升到900米的高空，在空中飞行了25分钟，飘过8.8千米，最后成功地降落在地上。这是世界上载人热气球的第一次自由飞行。

热气球出现后，人们很自然地把它与通信等功能联系起来。1784年，文森特·伦那迪用热气球载运邮件，并把邮件从空中投下。

基本小知识

热气球

热气球利用加热的空气或某些气体（比如氢气或氦气）的密度低于气球外的空气密度以产生浮力飞行。热气球主要通过自带的机载加热器来调整气囊中空气的温度，从而达到控制气球升降的目的。

1807年，伊比利亚半岛战役期间，在英国海军上将科克伦的鼓动下，传单被热气球空投到法国战线上空。飞飞扬扬的传单自天而降，谁也无法阻挡得住它。传单收到了奇效。1809年，奥地利人成功地利用热气球炸弹空袭了意大利的水城威尼斯。

上述两例可以说是热气球问世后最早被用在军事上的实例。

到了1870年普法战争时，热气球进一步在战争中被用作侦察、通信和运输的工具了。当时战争正在激烈地进行着，首都巴黎被普鲁士人围得水泄不通，根本无法与外界联系，情况十分严峻。法国内政部长就利用了热气球飞出巴黎。普鲁士人眼睁睁地看着热气球从高空掠过他们的防线，一点办法都没有。据后来统计，1870—1871年，巴黎被围困期间，共有65个热气球从城市飞出，当时关税职员因被围困而无事可做，他们改业做热气球骨架。25%的缝纫女工日夜不停地缝制热气球。在飞出的65个热气球中，有18个热气球由职业驾驶员驾驶，17个由志愿驾驶员驾驶，另外30个由海员驾驶。这些热气球在飞行过程中有6个落在敌人之手，2个飞向大海失踪了，其他57个都安全着陆。飞行距离最短的热气球是"干尔里克将军"号，它在11月18日飞行8小时45分钟后降落，飞行了35.4千米。飞行距离最长的热气球是"奥尔良城"号，它飞行了14小时，3142千米，在挪威福杰尔德降落，平均飞行速度为241千米/小时，这个记录在1915年以前从未被打破过。4个月中热气球共送出了3万多封信件和150多个人，开创了"航空邮政"的先河。

1870年9月5日—1870年10月3日，当法国城市梅斯被围困时，政府第一次采用31个无人驾驶热气球空运邮件。后又放出古利埃·罗宾孙型大热气球，其上载有30000封已付邮资的信件。

在美国南北战争和第一次世

热气球飞越大海

拓展阅读

南北战争

南北战争，又称美国内战，是美国历史上一场大规模的内战，参战双方为美利坚合众国（简称联邦）和美利坚联盟国（简称邦联）。这场战争的起因为美国南部11个州以亚伯拉罕·林肯于1861年就任总统为由而陆续退出联邦，另成立以杰斐逊·戴维斯为"总统"的政府，并驱逐驻扎南方的联邦军，而林肯下令攻打"叛乱"州。此战不但改变当时美国的政经情势，导致奴隶制度在美国南方被最终废除，也对日后美国的民间社会产生了巨大的影响。

通信的革命

大战中,战争双方也都使用过热气球作战和通信。

热气球还被用作对人类无法到达的地区进行联系的工具。1850年,无人驾驶的热气球投下的传单落到加拿大北部,目的是寻找约翰·福兰克林爵士率领的北极探险队。

广角镜

航空器

航空器是指在大气层中飞行的飞行器,包括飞机、飞艇、气球及其他任何凭借空气的反作用力,能够在大气之中飞行的物体。它是由动力装置产生前进推力,由固定机翼产生升力,在大气层中飞行的重于空气的航空器。无动力装置的滑翔机、以旋翼作为主要升力面的直升机以及在大气层外飞行的航天飞机都不属飞机的范围。

以后,气球又逐渐发展成无动力装置的航空器,主体是气囊,通常在气囊下面挂吊篮或仪器。气囊由橡胶布、塑料等制成,内充轻于空气的气体(如氢、氦等),凭借空气的浮力升空。热气球分自由热气球和系留热气球两类。自由热气球在空中随风移动,有的升到一定高度后,靠抛掉压载物继续上升,靠放气下降;系留热气球系于地面物体上,主要靠地面绞车收放绳索升降。热气球的出现最终导致了飞艇、飞机的发明。热气球也不仅仅作通信、侦察、宣传之用,有的已用于大气研究、跳伞训练,甚至在战争中拦截敌机。第二次世界大战中英国人就在伦敦的上空放置了许多热气球,有效地阻击了德国飞机的入侵。

近些年,世界各地还经常举行热气球观摩比赛,这在一定程度上又变成了一项检测参赛者机智和勇敢的体育竞赛活动了。每当热气球比赛时节,空中五彩缤纷的热气球随风飘荡,其情景既壮观又感人。国外已有人驾着热气球成功地飘过大洋。

▶ 信鸽的作用

在帮助人类通信的义务"邮递员"中,最为得力的要数飞鸽。为此,人们赠给了它许多顶桂冠。如"飞行健将"、"航空邮差"、"空中信使"等。这是因为在各种飞禽中，不论就飞行能力，还是就记忆能力来说，鸽子都可以称得上是"冠军"。

1980年6月，一位居住在南非首都比勒陀利亚名叫安东尼奥·多明格斯的葡萄牙侨民，把自己喂养的一只信鸽赠送给住在葡萄牙首都里斯本的友人。可是，这只信鸽经过七个月的长途飞行，飞越了地中海和整个非洲大陆，又飞回到比勒陀利亚的原主人家里，脖子上仍系着主人给它戴上的小铁环。这只信鸽行程9000千米，创造了世界信鸽飞行的最高纪录。从这里可以看出，信鸽的记忆能力是何等惊人！

信鸽用于军事通信，在历史上很早就有记载。公元前43年，罗马的安东尼将军在攻战中把一座穆廷城围得水泄不通，使任何人都无法进城或出城。但在这种严密封锁的情况下，困守城内的守军长官白鲁特仍然和城外驻罗马的保民官格茨乌斯取得了联系，搬来救兵，把安东尼的军队打退了。原来白鲁特的告急信就是由信鸽从空中传递出去的。

在1870—1871年的普法战争中，法国的首都巴黎被普鲁士军队层层围困，与外界的一切联系全被切断了。于是养鸽家们献出鸽子来当信使，他们把军事情报系在信鸽腿上，把它们放飞到近郊的一些城市中，从而取得了与外界的联系。同时，这些城市也把全国寄往巴黎的信件汇集起来，分别贴到大张的纸上，摄制成照片，再把这些照片印到像邮票那样大小的透明胶片上，然后让每只信鸽携带20枚这样的胶片，每一组信件都由数只信鸽同时带出。这些信鸽穿过围城上空的浓浓硝烟，飞至巴黎。巴黎邮局再取下胶片，加以放大，最后按地址将信件分送给收信人。据说在这两个多月的时间内，这些"空中信使"传递了数十万封公文、信件，成为沟通巴黎对外联系的"桥梁"。最后，守军与援军通过信鸽取得联系，解除了巴黎之围。至今法国对信鸽仍非常重视，饲养遍及全国，故有"鸽子王国"之称。

1916年6月5日，第一次世界大战正在激烈地进行着。法国乌鲁要塞通信设备被德军炮火击毁了，

成群的信鸽

通信的革命

情况十分危急，幸亏还留着一只信鸽，把它放飞求援，后来没多久援军赶到，才保住了要塞。

在我国历史上，信鸽应用于军事，也颇多记载。1128年，南宋大将张浚有一次去视察部下曲端的军队，到了军营，空荡荡见不到一个士兵，他十分恼火，就对曲端说要点兵看将。曲端便立即将军队的籍簿呈上，张浚指着说："我要在这里看看你的第一军。"曲端闻命，便即刻打开笼子放出一只随军传令的鸽子，顷刻间，第一军全军将士披甲持戈，飞奔而至，张浚大为震惊。又说："我要看你的全部军队。"曲端忙又打开笼子放出四只飞鸽，另外的四军也即奉命赶到。

即使到了今天，通信技术已高度发达，利用信鸽传递军事情报，仍有军事价值。如在高原哨所，孤岛驻军，常常利用信鸽进行联系，全国各地的信鸽协会会员也总把自己多年精心驯养的良种信鸽，送到部队"参军"，不少鸽子还在执行任务中立下了战功呢！

飞鸽为何能送信呢？不少科学家认为，这是因为它能感受磁力与纬度，并能用这种感受来辨别方向，从而它能经历长途飞行后认路回家。

知识小链接

磁 力

磁力是磁场对放入其中的磁体和电流的作用力。磁力是靠电磁场来传播的，电磁场的速度是光速，自然磁力作用的速度也是光速了。由于现在还不清楚它的本质，所以还没有人清楚会不会有磁力黑洞这样的东西，而且宇宙中目前也没观测到那么强大的磁场。不过，磁力若不能使时空弯曲的话，应该不会形成磁黑洞的。

击鼓传令

音响通信，古已有之。

3000多年前，我们中华民族的祖先就用铜做成直径为2~3米的金鼓，击鼓为令，传递信息。

　　这些金鼓，放在一定高度的鼓架上，处在不同的方向，一旦有敌人侵犯，鼓手就敲击金鼓，由不同的鼓点表示不同的内容，调集分散在不同方向的军队。

　　当时正是春秋（公元前770—公元前476）多乱之时，诸侯小国林立，用鼓声传递信息及时而有效地起到了通信联系作用，确保了各国联防共同对敌。

　　用鼓点声传递信息，进行联系或防卫，在世界各地是普遍采用的一种通信方法。

　　古代的非洲，没有文字，交通不便，根本谈不上邮政通信事业。非洲人就用特制的精巧的大鼓来传递信息。他们用一段圆木头，把中间挖空，再用大象的耳朵皮将两端蒙住做鼓皮，这就制成了一面大鼓。这种鼓敲起来非常响亮，三四千米外的地方都可以听到。不仅如此，非洲人还编出了一部"击鼓语汇"，即用多种多样的鼓点来表达各种不同的意

击鼓传令

思。当一地的鼓手根据要传递的信息敲出鼓音时，邻近的鼓手们便一个接一个地重复相同的鼓声。这样一个部落一个部落地传下去，两小时内便可把甲地的"话"传到50多千米外的乙地。用这种办法可以把信息传得迅速而又准确，因为击鼓的声音，浑厚有力，传播很快，即使在较远的地方也可以听清楚。据说19世纪末，英国侵略军凭借现代化的枪炮入侵非洲，屠杀当地人民。苏丹军民奋起抵抗，他们在喀士穆打败了入侵者，而获胜后就是用激越、喜人的"击鼓语汇"报告了这一胜利的喜讯。如今，在非洲人的舞蹈中，他们边击鼓边起舞，就是一种以鼓声来表达战斗胜利的喜悦的情景。

　　大洋洲的民族在很久以前就制造了另一种传递音响的工具——木瓶。原来在澳大利亚干旱的沙漠地区，有一种生命力很强的瓶树。这种树的树干简直像个大瓶子，直径可达数米，一棵树能装水40～60升，这就使它即使在长期的干旱中也能维持生命。当人们在沙漠中需要水时，只要在瓶树干上挖开

通信的革命

一个小口，就能立即喝到清新的"饮料"。因此，这些树就成了澳大利亚沙漠中的"水库"。在古时候，澳大利亚人还曾把这种瓶树干锯下来，稍加修整，制成"木瓶"，用来传递信息。这种"木瓶"相当大，敲击起来能发出巨大的声响，可以把信息传得很远。

在拉丁美洲的巴西，有一种纺锤树，也可以制成类似的工具，用以传递信息。

用击鼓传递信息在人类通信史上，可谓是一大发明。

最初的马拉松赛跑

讲起马拉松赛跑，不少人往往只知道它是一项有趣的体育竞赛活动，其实马拉松赛跑是人类最原始的军事通信形式之一，它可以说是人们在通信方面的一大发明。

公元前5世纪下半叶，地处西亚，实力雄厚的波斯帝国频频向周围的弱小邻国发动侵略战争。

趣味点击　波斯帝国

波斯帝国是古代伊朗以波斯人为中心形成的帝国。公元前330年，在马其顿亚历山大大帝的进攻下，波斯帝国都城波斯波利斯陷落，大流士三世在逃亡中被害，波斯帝国灭亡。

公元前490年，波斯帝国凶狠的统治者大流士一世又派出达提斯率领了10万大军和上千艘大大小小的战船，气势汹汹地向希腊发动了大规模的侵略战争。

希腊数万精兵强将开赴战场，会同当地百姓，在杰出的统帅米尔迪亚德的指挥下，对入侵者进行了英勇反击。但是波斯军队依仗人多势众、兵强马壮，不断向希腊领土挺进。眼见波斯军队已进入到了希腊的军事要地马拉松镇了。它是希腊首都雅典的门户，如果此镇丢失，后果不堪设想。希腊军民依靠熟悉的地形和炽热的爱国之情与入侵者进行了殊死较量。结果出乎波斯人的预料，庞大的波斯军队竟在小小的马拉松镇遭到了惨败。英勇的希腊人民和军队，以少胜多、以弱胜强，在马拉松镇打退了波斯侵略军，从而保卫了首都雅典，取得了反侵略战争的胜利。战场上的希腊军民十分喜悦，为了最快地让这一喜讯传到首都雅典，统帅米尔迪亚德命令自己的传令兵菲迪波德斯去完成这一光荣的送信任务。

菲迪波德斯既是统帅的传令兵，又是一名英勇无畏的战士。此时，他刚从刀光剑影的战场上回来，身上受了伤，周身染着血迹。激烈的战斗终于取得了胜利，但他感到异常疲劳，可他一接到统帅的命令，立即向首都出发了。胜利的喜悦和强烈的爱国心激励着他奋力奔跑。谁能相信这位战士竟一口气跑了42千米的路程。满身血污的菲迪波德斯跑到雅典广场，高兴地喊道："我们胜利了！"说完，这位英勇的战士、著名的飞毛腿、统帅信赖的传令兵就倒在地上了。人们围上来看时，他已停止了呼吸。菲迪波德斯实在太累了，他带着胜利的微笑永远地休息了。

为了纪念这个爱国主义的壮举，著名法国雕塑家马克斯·克罗塞，根据这位英雄的形象，于1881年塑造了一件富于表现力的雕塑作品：《我们征服了》。塑像为一裸体青年，大步跑着，右手拿着桂冠，象征胜利，左手捂住胸口，表示筋疲力尽。由于受到这个作品的感染，法国科学院院士米海尔·勃来尔在1895年奥林匹克运动会光复工作开始之际，致函奥运会的发起人顾拜旦男爵，提议举行以马拉松命名的长跑比赛，并得到了支持。

马拉松的由来

于是，1896年在希腊雅典举行的第一届现代奥林匹克运动会上，就以当年勇士菲迪波德斯跑过的那条路线的距离作为一个竞赛项目，定名为马拉松赛跑。

菲迪波德斯用马拉松赛跑创造了一种令后人永远难以忘却的通信方式。马拉松赛跑的距离在开始几届奥运会上一直没有统一，曾为40千米、40.26千米……直到1924年举行第八届奥运会时，人们重新测量了从马拉松镇到雅典中央广场的距离，才正式定为42.195千米。多少年过去了，人们习惯地把

通信的革命

一些超乎人们寻常精力的，长时间、长距离、超水平的各种活动和事件也冠以"马拉松"之名。

各种有趣的通信方式

在动物"邮递员"中，尤其值得一书的是"狗"。狗善解人意，机警勇敢，忠实可靠，吃苦耐劳，很早就成为人类通信活动的得力助手。

拓展阅读

陆 机

陆机（261—303），字士衡，吴郡吴县（今江苏苏州）人，西晋文学家、书法家，曾历任平原内史、祭酒、著作郎等职，后死于"八王之乱"，被夷三族。他与弟陆云俱为中国西晋时期著名文学家，被誉为"太康之英"。陆机还是一位杰出的书法家，他的《平复帖》是中国古代存世最早的名人书法真迹。

据记载，我国在春秋战国时代就有人用狗来递送情报。晋代写过著名文艺理论著作《文赋》的陆机曾用狗来传过书信，唐代诗人李贺也曾写过"犬书曾去洛，鹤病悔逊秦"的诗句。元明时代，我国在黑龙江下游设置了许多狗驿，专管传递书信、官差来往和拉运东西。仅在辽东地区就有狗驿15处，驿夫300人，驯养着专门送信的"邮犬"近3000只。

现在生活在北极地区的爱斯基摩人仍然用雪橇作为主要的运输和通信工具，因为那里长年冰封雪盖，车马难行，而灵巧的狗拖着简便的雪橇，快速行进在冰冻的江河上和白茫茫的雪地上。

特别有趣的是，在巴黎，还有人用狗取送报刊和邮件。只要交上报费，每天准时派狗到报亭去取就可以了。小狗认真负责，从不误事。但有一点需要注意，就是在取送报刊或邮件的路上不能设有肉铺，否则狗见了肉，口流涎水，就会把报刊弄脏了。看来，跑得又快，又能认路的狗，确实是一名出色的"邮递员"。

不仅如此，经过特殊训练的狗，像警犬、军犬、猎犬、牧犬等，还可用于侦缉和传递各种信息。因为狗的听觉、嗅觉特别灵敏，据测量，人的嗅觉细胞一般只有 500 万个，而狗竟达 2.2 亿个，可以分辨大约 2 万种不同的气味。因此，有的邮局常常用狗来检查邮件，办法是把狗放在一种特殊的箱子里，然后压迫空气流经装有信件的口袋，狗就可以从中嗅出装有炸药或有其他特殊气味的信件。据说有的狗能从多达 600 封信件的口袋里，找出一封装有很少炸药的信来。

猴子机敏、灵巧，也可以帮助人们完成送信的任务。

在尼日利亚的贝喀萨地区，人们把母猴和小猴分别关在不同的地方，并常常将小猴放出去寻找母猴，使其逐渐养成习惯。这样，小猴地区的人如果要同母猴所在的地方通信，只要把信件装在一个小竹筒内，再把竹筒绑在子猴身上，然后放它去见母猴就可以了。这种邮寄方式实在是别致得很。

美国的一位著名动物学家里法梅经过多年训练，还可以用野鸭传书。他把气象表和科学情报让野鸭带到了很远的地方。据说在美国德克萨斯州的 20 个邮区中，就有近百只野鸭担当了"邮递员"工作。

在非洲一些偏远的、交通不便的地区，人们往往把一种当地特有的鸵鸟加以训练，让其充当信使。

15 世纪以前，澳大利亚有一种高达 4 米的恐鸟，行动迅速，可以轻易地从人头上跨过去；而且跑得快，每小时能达 60 多千米；且能长途奔驰不息。因此，澳大利亚的土著常常把它当马骑，并用以传书递信，可惜在英国殖民者侵入大洋洲以后，他们为了垄断当地的邮政大权，已将这种世所罕见的恐鸟捕杀干净了。

广角镜

恐 鸟

恐鸟是数种新西兰历史上生活的巨型但不能飞行的鸟。目前根据从博物馆收藏所复原的 DNA，已知有 10 个不同的种类，包括 2 种身体庞大的恐鸟，其中以巨型恐鸟最大，高度可达到 3 米，比现在的鸵鸟还要高。

在某些特殊的地区，就是风、水等自然界的力量，也可以用来帮助人们送信。

印度尼西亚的巴兰岛，岛上的人们要想和彼岸的亲友通信，依靠船只运递邮件是很不便当的，因为当地有一股强力的风环绕着岛屿做旋转性流动，给船只的航行造成了困难。怎么办呢？人们就把信件装在密封的瓶子里，扔

到海水中，瓶子浮在海面，不用一天工夫便能漂到对岸。亲友收到了海水送来的信，自然也就可以用同样的方法发一封回信了。

与此相映成趣的是太平洋上的尼瓦福岛。这个岛周围的海底有巨大的珊瑚礁。任何船只都无法靠岸。邮船到了那里，只能停泊在远处，将邮件装入锌罐投入水中，然后由岛上的游泳能手将浮在海面上的锌罐取回；自然，岛上的邮件也只能用同样的方法送出。

这种靠海水邮寄的"瓶子信"，在世界各地的大海里都经常会发现。它们大多是海上遇险的船员、游览者发出的。近年来，海洋工作者不仅用它来传递有关的信息，还用它来测试海水的流向，为绘制海图提供资料，或是测报鱼群动向，配合渔船捕鱼。

溯本求源，最早使用这种"瓶子信"的要数发现美洲新大陆的航海家哥伦布了。1492年，哥伦布率探险队到达了美洲的华特林岛，在岛上做了一个时期的考察以后，他于1493年启程返回欧洲。返航前他担心自己乘坐的破帆船回不到西班牙，就给女王伊莎贝拉写了一封信，连同他绘制的一张美洲地图一起密封在一个瓶子里，抛进了大西洋。他想如果自己万一不幸葬身鱼腹，这封信也许还能传到女王手里。幸运的是这条破帆船终于把他载回了西班牙，而这封"瓶子信"却在辽阔的海面上漂了359年，直到1852年，才被一位美国船长在直布罗陀海峡捡起来，这可以说是世界上邮寄时间最长的一封信。

人类在漫长的历史中，充分运用了各种自然力量，发明和创造了多种形式的通信方式，跑步、飞鸽、瓶子仅仅是几个例子。尽管科学在迅猛地向前发展，但是巧妙地运用自然力量进行通信，仍然还不时地被一些人在运用着，并且还在特殊情况下，发挥着一定的作用。

知识小链接

哥伦布

哥伦布是意大利航海家，生于意大利热那亚，卒于西班牙巴利亚多利德。他一生从事航海活动，先后移居葡萄牙和西班牙，相信大地球形说，认为从欧洲西航可达东方的印度。他在西班牙国王支持下，先后4次出海远航（1492—1493，1493—1496，1498—1500，1502—1504），开辟了横渡大西洋到美洲的航路。

通信的革命

漫话邮政通信

在很久以前，世界上最古老的邮政事业就在中国建立起来了，后来又产生了信笺和最早的信封。

随着邮政事业的发展，邮政通信工具也不断完善起来，有了邮箱和邮票，方便了人与人之间的来往和交流。

本章会详细地向大家介绍邮戳、邮票上的齿孔、邮政编码的使用和集邮的由来等，更会向大家展示世界上的邮票之最来让我们大开眼界。还在等什么呢，让我们一起揭开它神秘的面纱吧！

邮政的起源

早在很久以前,世界上最古老的"邮政"事业就在中国建立起来了。当时中国是周王朝,由于封侯过多,各诸侯霸占一方,征战不停,结盟讨伐,形成了彼此之间的频繁往来,于是驿站就出现了(驿站是设在古代官府衙门中传递公文的一个机构)。

秦始皇统一中国后,为了巩固他的统治,进一步发展全国经济,稳定政局,在全国范围大兴土木,修筑驰道,"车同轨、书同文",颁发了《秦邮律》,大大地促进了邮驿通信的发展。

趣味点击　唐玄宗

唐玄宗(685—762),即李隆基,亦称唐明皇,712年至756年在位,唐睿宗李旦第三子,母窦德妃。唐玄宗在位期间开创了唐朝乃至中国历史上最为鼎盛的时期,史称"开元盛世"。但是唐玄宗在位后期(755年)爆发了安史之乱,使得唐朝国势逐渐走向衰落。

到了唐代,邮驿分陆驿、水驿和陆水兼办三种,共有1600处,其中水驿260处,水陆兼办的也有80余处。对邮驿行程有明文规定,如陆驿规定马每天走70千米,车行30千米。根据官吏的大小,所配给的车马也有一定额数,不按规定办事的要分别给予处罚。此外,还有些特殊规定,如遇有要事驿马每天可跑150千米。755年,安禄山在范阳(今北京附近)兴兵反对唐朝,当时唐玄宗正在华清宫,从北京到临潼路程有千余里,只用6天时间就把消息送到了。可见唐朝邮驿通信组织管理和通信速度都已达到了相当高的水平。

清朝中叶以后,出现了近代邮政,当时驿站还和邮局共同存在了一个时期,直到1912年5月北洋政府才明令裁撤驿站。但少数民族地区,驿站制度仍被继续沿用着。

世界上其他国家很早以前也出现过形形色色的驿站。它从诞生那天起就只递送官府文书，接送来往官吏，广大劳动人民没有利用它的权利。古代的驿站都是官办的"官邮"与"军邮"，只传送官府的公文与军报，不传送民间书信，也就是说，在很长的一段历史时期里，民邮是没有的。

那么，是什么时候开始有民邮的？这里我们先讲一则有关弯曲的邮政号角的故事。12世纪时如要在德国开设肉铺，地方当局对肉铺老板有一个附加要求，就是肉铺老板要有一匹马，承担起载运民间邮件的工作。这可能是地方当局为了减少百姓对通信不便的怨言，对肉铺老板设的一个卡子。肉店老板为了开店，也就答应了这个要求。因为他们买肉、卖肉四处奔走，载运民间邮件并不太麻烦。

怎么通知人们来寄信、取信呢？肉铺老板们想了个办法，就是每当邮件送到时，送信人就吹起一只弯曲的号角向四周居民百姓通报。人们闻号角声前来寄信、取信，因此肉店生意也随之红火起来。肉铺生意越做越大，肉铺买卖不分国界，这样邮寄信件的方法也扩大到欧洲其他国家和地区。这种弯曲的邮政号角至今仍是世界上许多国家的邮政标记。那么，我国的民邮开始于什么时候呢？

1036年，即北宋景祐三年时，皇帝下了圣旨，"诏中外臣僚，许以家书附递"，准许官办的邮驿附寄私人家信，但只准许做官的"中外臣僚"传递书信，与一般百姓还是无关。

一直到了1403—1424年，即明成祖永乐年间，才出现专门办理民邮的民信局。据资料所载，我国第一家民信局是在500多年前，出现于当时商业最繁盛、交

广角镜

民信局

明代永乐年间（1403—1424）由宁波帮商人首创的民信局。民信局是由私人经营的营利机构，业务包括寄递信件、物品、经办汇兑。到了清朝末年，较大的民信局在商业中心上海设总店，各地设分店和代办店，各民信局之间还联营协作，构成了民间通信网。

通最便利的浙江宁波。这种民信局是私人经营的商业性组织，代人寄递信件和包裹，收取一定的寄费；代人汇兑银钱，收取一定的汇费。

在东南各省出现民信局的同时，西南各省也出现了另一个民邮系统，它的名称叫做"麻乡约"。其由来是：明朝初年，明军灭了割据四川的"夏

通信的革命

国",因为四川盆地土地肥沃,人口众多,各省的移民纷纷来到这里,其中湖北省麻城县孝感乡的人极多,他们在四川定居以后,为了同家人取得联系,每年都要推派同乡人回家几次,来往捎带衣物和信件。日子久了,成为定例,就出现了民营通信性质的"麻乡约"商行。"麻乡约",始建于四川的重庆、成都等地,以后普及到四川、云南、贵州各大中城市。

到了清代,民信局有了很大发展,全国组成了相当庞大的民间通信网。清朝末年连东三省、甘肃、新疆也有了民信局。民信局一直存在到1934年才由邮局取代,从而结束了它的历史使命。

信笺的由来

实物信,可以看做是人类最早的有形信件。常言道:"口说无凭。"为了更好地取信于对方,同时也为了避免遗忘和差错,便逐步创造了一种"实物信",即用各种各样的实物作为交流思想感情的工具。

实物具有公认的性质,人们接触到实物,就会很自然地想到与这种实物相联系的意思。5000多年前,在古代俄罗斯南边的斯齐亚人,有一次就曾用实物给波斯王发过一封信,斯齐亚人派了一位使者用包袱提着这封信跑到波斯王那儿,波斯王打开一看,里面包着的竟是1只小鸟、1只田鼠、2只青蛙和5支箭。波斯王开始还有些疑惑,但琢磨了一下,便不禁勃然大怒。

原来这封实物信的意思是说:"你能像小鸟那样飞上天吗?能像田鼠那样钻到地下去吗?能像青蛙那样在池塘里跳跃吗?如果都不能,那就休想跟我们打仗。只要你们的脚一踏进我们的国土,我们就要用箭把你们射死!"

你们看,这封旨在表示奋力自卫的信,不是组织得很有意思吗?

但是人们用实物通信,一开始就感到有许多不便之处,小的物件还可以,大的物件或是某些抽象的意思就不好办了。比如一个部落打死了一头大象,要邀请另一个部落的人来共享胜利品,可是大象这么大,怎么能抬去呢?

为了解决这个难题,人们逐步想出了另一个方法,就是不再用实物,而是用代替实物的图画来通信了。这样,一种新的"图画信"就应运而生了。人们在石片上或树皮上,刻上或画上各种各样的图画,用来进行通信联络,这样就方便多了。

　　传说古代印第安族的一个年轻姑娘奥基布娃，为了邀请她的情人到某一个地方约会，在赤杨树皮上画了一封信。画的左上角画着一只熊（原始社会里人们崇拜某一对象或符号，并常常以此作为自己的标志。这个姑娘崇拜熊，所以用熊来表示自己），左下角画了一条泥鳅，这是她情人所喜爱的符号。中间夹着两条曲线，表示应走的道路，两个帐篷表示约会的地方，帐篷里画的一个人表示是她在此等候，帐篷后面画着大小三个湖泊，指示着帐篷所在的位置。这是一封多么详细的图画信啊，它把要讲的内容都表达清楚了。

　　在人类正式创造文字以前，在一些民族通信史上出现过"贝壳信"或"结绳信"。如古代秘鲁的印第安人就曾用五色的贝壳来当作文字。他们把贝壳磨制成一个个光滑的小片，再涂上不同的颜色，用以表示不同的意思，然后再用一根粗绳子把这些贝壳串成一副带子，名之曰"梵班"，这样就能表达十分复杂的内容，成为一封信了。为了防止出差错，每个发信人必须亲自把"梵班"交给送信人，并当面把意思交代清楚，送信人牢牢记住，边走边背诵，直到把它送到目的地为止。据说有一次，一个印第安部落收到了另一个部落送来的一封"梵班"信：在一条绳子上，串着黄、白、红、黑四只经过磨制的贝壳。这是什么意思呢？信使指着一个个贝壳大声说道："如果你们愿意向我们纳贡，就可以讲和，不然就开战，统统杀死你们！"原来，他们是用黄颜色表示贡礼，用白颜色表示和平，用红颜色表示战争，用黑颜色表示死亡。在这封信里，一个带色的贝壳就相当于一个完整的句子了。

　　所谓"结绳信"，就是在绳子上结上大小不一的各种疙瘩，并涂上不同的颜色，用来表示各种不同的事情。我国古书上很早就说"上古结绳而治"，又说"事大，大结其绳；事小，小结其绳"。结绳信就是用此来交流思想的。

　　人类最早的文字信件是在有了文字后才出现的。考古学家研究证实，我国的文字至少在6000年前就出现了。当然，文字出现以后，还不可能有今天这样的信件，因为，那时还没有发明纸。那么，在"纸信"出现以前，人们的"文字信"又是用什么来书写的呢？古时候人们把信写在一种又轻又薄的丝绸——绢帛上，这种信叫"尺素书"。据说这种"尺素书"是把写好的信笺（素）夹在两块刻成鲤鱼状的木块之间，故又称作"鱼书"。但由于绢帛价格昂贵，只有有钱人家用得起，因此那时人们使用得最多的信件是写在价

通信的革命

比较便宜，又容易制作的木简上的。

　　远在春秋战国时代，我们的祖先就开始用竹子和木板作为书写的工具了。他们用刀子把竹子或木头刮削成一条条狭长而又平滑的小薄片，用毛笔蘸了墨在上面写字。这些用来书写的竹子片叫"竹简"，木头做的叫"木简"，又叫"片版牍"，或称"牍"。用来写信的木简通常三寸（0.1 米）宽、一尺（约 0.33 米）长，所以人们就把信称为"尺牍"。尺牍一般由两块木简组成，写信的时候，先在底下这块木简上写上要说的话，写完了在上面再加盖一简，并写上收信人和发信人的姓名——这就相当于现在的信封了。然后用绳子从中间将两简捆扎结实。为了防止别人路上拆看，在打结的地方，还要加上一块青泥，再盖玺印，这盖有玺印的泥叫封泥。最后就可以派信使把信送出了。信长用的竹简就多。据历史记载，有一次西汉文学家东方朔写了一封给汉武帝的信，竟用了 3000 根竹简，他雇了两个身强力壮的武士，才勉强把这封信抬进宫去。这种竹片和木头信在我国沿用了很长时间，直到纸张的生产和使用普及以后，才逐渐为纸信所代替。

　　世界上现存的最早的家信就是刻在木块上的：在我国湖北省云梦县睡虎地四号秦墓中，曾挖掘出"木牍"书信两件，保存完好。它们是我国，也是世界上发现并保存完好的最早两封家信实物。通信是人类生活中必不可少的事，在纸信出现以前，世界上其他一些古老民族也曾使用过各种不同的信件。

　　大约在公元前 3500 年，生活在亚洲西部两河流域的苏美尔人和巴比伦人，就曾使用过一种楔形文字刻成的"泥板信"。因为两河流域缺少石块和木头，人们用黏土制成一块块泥板，然后用芦苇管或骨棒削成三角形尖头在上边一笔笔刻画。由于刻出来的线条上粗下细，形同木头楔子，所以叫"楔形文字"。当泥板信晾干或用火烤干以后，就可派专人投递了。

知识小链接

楔形文字

　　楔形文字，来源于拉丁语，是楔子和形状两个单词构成的复合词。楔形文字也叫"钉头文字"或"箭头字"，古代西亚所用文字，多刻写在石头和泥板（泥砖）上。

与这种沉重的泥板信相反，古代埃及人则创造了一种用草当作纸书写的"纸草信"。这种纸草盛产于尼罗河沿岸，是一种水生植物，形状好像芦苇。人们在使用时，先把它的茎逐层撕开，剖成许多长条，然后压平晒干。古埃及人就用削尖的芦苇秆蘸着颜料在这种纸草上书写。这样的信件，邮递起来，当然就轻便多了。无论是木头信、泥板信、纸草信，还是蜡板信、兽皮信、树皮信，它们的制作和使用都有许多缺点和不便。当最理想的书写材料——纸发明以后，这些不同形式的信就逐渐让位于纸信而退出历史舞台了。

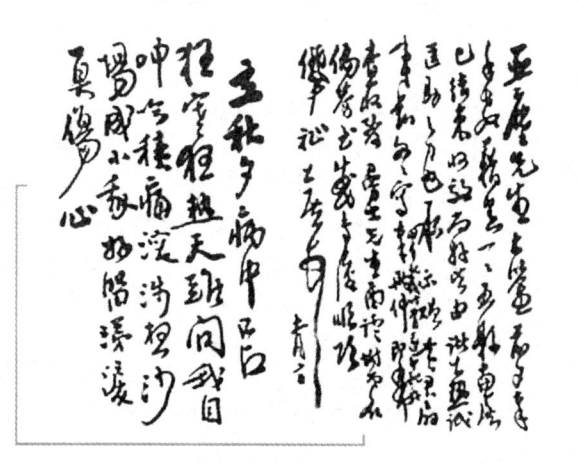

古代的信笺

▶ 最早的信封

写信要用信封，可是你知道信封是怎样诞生的，最早的信封是什么样式的，最早的信封又出现在何时、何地吗？

古代邮寄信件的封装方式与现在是完全不同的。

公元前3000年，幼发拉底河和底格里斯河两岸的亚述人和尼罗河边的埃及人，把泥板信装在泥制的外套内，这泥制的外套就是世界上最早的信封。以后人们还把动物皮和羊皮纸写成的信卷成一卷，外边用皮条捆扎，然后再用火漆封缄。皮条和火漆封缄就组成了信封。

我国古代没有纸张时，公私"简牍"（公文或书信）大都写在竹简或木牍上。为了保密，将竹简或木牍用绳捆缚，封之以黏土，然后上盖印章，以防私拆。这种封缄办法流行于秦汉。

我国是发明纸的国家，魏晋之后，纸、帛盛行，用绳捆、泥封信件的办法，逐渐为纸、帛信封所代替。

通信的革命

你知道吗

郭子仪

郭子仪（697—781），中唐名将，汉族，陕西华县人，祖籍山西汾阳。天宝十四年（755年），安史之乱爆发后，郭子仪任朔方节度使，率军收复洛阳、长安两京，功居平乱之首。

据史料载，唐代名将郭子仪，战功赫赫，儿子又是驸马，被皇家封为汾阳郡王。尽管他高官厚禄，地位显赫，但生活却很节俭，每次收到书信后，总把用过的信封改制后再继续使用。由这一故事可见，信封在我国唐代，就很盛行了。

关于欧洲纸信封的出现，这里还有一段小故事。19世纪的欧洲，一些贵族及公子哥儿小姐时常到海边度假。设在海边的一个书店老板布鲁尔还兼顾为游客代发信件的业务。当时的信件是没有信封的，只是写在纸上贴上邮票就可寄了。日子一久，布鲁尔发现有的女士特别爱写信，而她们写的信多数是寄给自己情人的。尽管她们对他很信任，可是在长长的邮路上也难免"泄密"。因此，有些女士害怕信的内容被外人窃知而不写信了。善于动脑筋的布鲁尔心想：如果能有一只纸袋把信封在里面，这样既可方便信的投寄，又可对信的内容进行保密。

布鲁尔经过一番苦心钻研，按当时他店里出售的信纸大小，设计了一种信封。寄信人只要将口子封上，信中的秘密便万无一失了。

布鲁尔发明的信封得到了游客的欢迎，这样一传十、十传百……布鲁尔书店的生意越来越兴旺了。到了1820年，这种信封便开始定量地生产了。1844年，两个伦敦人制成了第一台糊信封的机器。但那时信封的规格、纸质和式样还未统一。

信封流通后，起初邮局对信封尺寸大小

中华民国时期的信封

没有严格的要求。邮局收寄的信件大小不等，给邮局分拣信件带来很大不便，还影响了邮件的传递速度。

随着邮政事业的迅速发展，信封大小问题已成了各国邮局共同关心的事了。于是1979年10月26日在里约热内卢举行的第十八次万国邮政联盟代表大会上通过了修正的《万国邮政公约》。其中有一条就是有关统一信函的标准问题。

我国有关部门按《万国邮政公约》第一部分《适用于国际邮政业务的共同规则》第20条规定：长方形函件，长度不小于宽度的根号2（近似值为1.4倍）；普通信封的最小尺寸长140毫米，宽90毫米（公差2毫米）。最大尺寸长235毫米，宽120毫米（公差2毫米）。根据这一标准，国家标准局发布了"中华人民共和国国家标准信封"标准。此标准中除了信封尺寸外，还对信封纸张质量及糊缝方面都作了明确规定；并强调无论是生产信封单位，还是自行印刷信封使用的单位，都不得在信封的正面或背面印有广告之类的宣传文字或图样。从此，我国邮政事业上信封的标准化正式走上了统一、规范的道路。

信封规格的统一，对信函处理的自动化也创造了有利的条件，对我国邮政通信事业的发展起到了很大的推动作用。

广角镜

万国邮政公约

《万国邮政公约》是指万国邮政联盟制定的一项有关处理国际邮政业务的基本法则的条约。

邮箱的来历

随着邮政事业的发展，邮政通信工具也不断完善起来。譬如有了信、有了邮票、有了邮局，还得有地方投寄信啊！你总不能每次都拿着信跑到老远老远的邮局去寄。于是信箱、信筒便在生活中出现了。它们的出现方便了万千用户，这不能不说是邮政通信中的一大发明。可是你们知道最早的邮筒和

通信的革命

信箱是怎么诞生的吗？这里还有一些有趣的故事呢！

1488年，伟大的葡萄牙航海家、好望角的发现者迪亚士又率领船队从欧洲出发到南非进行考察了。此番他想绕过好望角到非洲另一侧去考察，谁知中途船队遇到了狂风巨浪，大西洋的怒涛把他们的船队冲散，有的船只被打翻，有的船只被撞坏，所幸当时船队离海岸并不太远，其中有一条船被吹到了岸边，可是情况已够惨的了，很多海员被恶浪卷走，有的则葬身鱼腹，迪亚士本人也遇难了。大西洋的风暴来得快去得也快。没有多久，风暴平息了，一些幸存者起程返航。

由于这次出航是考察，队伍中好多人都是怀着一种科学研究的心情跟随迪亚士出发的。如今壮志未酬，人们不禁掉下伤心的泪水。

一位有心的军官把他们的此番遭遇详细地记述了下来。可能是心有余悸吧，他把这份珍贵的材料放在一只鞋里，并把这只鞋挂在离岸不远的一棵树上。目的是万一他们这批劫后余生者乘的船回不到欧洲，那么这次悲壮的考察之行也可留在人间。以后当有人经过这里，从这只别致的"信箱"中取出信，就可知道事情的来龙去脉了。

果然，隔了一年后，另外一名葡萄牙航海家诺瓦在去印度的航程中途经这里。"咦，海边大树上怎么挂着一只鞋？"航海家特有的敏感启发了他。诺瓦驾着一艘小船划近了大树，取下了鞋子。"啊！鞋子里有一封信！"诺瓦惊叫起来。

他激动地打开信阅读起来，并且知道了迪亚士遇难的详细经过。诺瓦的心情十分不平静。他在这里停了下来，在迪亚士和自己同胞遇难的地方，修建了一个小教堂，他仍把这只鞋挂在树上，作为纪念。

谁知，在小教堂周围逐渐形成了一个不小的村落，而且在很长的时间里，葡萄牙海员一直用这只特殊的鞋作为"邮筒"来传递信息。人们把信放进鞋内，由路过这里回去的船把它捎到祖国或其他船队能够到达的地方。

几百年过去了，那棵挂过鞋子的树仍然枝叶茂盛，人们还在树旁建起了邮筒。

为了纪念这第一个"邮筒"，大家又在这棵树旁立起了纪念碑，有趣的是纪念碑的形状就是一只鞋。

我们在街头巷尾常常见到一只只绿色的邮政信箱。它们给寄信人带来了很大的方便。你可知道最早的信箱是何时出现的吗？这里也有一些有趣的故事。

最早的信箱是16世纪初在意大利佛罗伦萨市出现的。它是一只只封闭式的木头箱子，上面开有投信口。信箱被放在主要的教堂里。

你们可能不相信，这些最早的信箱最初并不是为了寄信的，而是为了揭发坏人和形迹可疑的人，投诉者也多匿名。原来当时政府和教会为了治安和改善社会风气，想出了这个方法。

后来这些信箱就不仅仅是被用来向警察告密，普通的信也投寄入内了。

但是，至今为止有关信箱的最早记载则是出现在1653年法国巴黎的一个文件上。这个文件记载，信箱是根据当时法国邮政部长费凯夫人的设想制作的。

部长夫人怎么会想到设计信箱的呢？原来当时的法令规定，寄信人必须到圣杰克大街收寄信件的地方直接交寄。然而这对广大寄信人来说是多么不方便啊！为此，大家向部长提出了意见，部长也很烦恼。部长夫人知道了这一情况，于是她就提出了设立信箱的设想。部长采纳了她的设想，建立了信箱。

我国的邮箱

这些信箱竖立在主要交叉路口，每日从箱内取信三次。不幸的是人们开始不知珍惜信箱和保护信箱。那些扰乱社会治安的人竟卑劣地把粪便倒入信箱恶意破坏，信件被弄得污秽不堪。此外，还有老鼠和一些寄生虫在信箱中咬坏信件。由于上述原因，街头的信箱曾一度停止邮政业务，过了很长一段时间，约在1800年才被重新使用。

显然，从意大利和法国出现信箱的时间来看，意大利是早于法国的。看来，发明信箱这个荣誉应属于意大利。

通信的革命

拓展阅读

普鲁士

普鲁士是欧洲历史地名，一般指17世纪至19世纪间的普鲁士王国。由于普鲁士在短短二百年内崛起并统一德国，建立了德意志第二帝国，所以普鲁士有时也是德国近代精神、文化的代名词。

意大利和法国出现信箱后，18世纪末，普鲁士国王费雷德里克邀请法国邮政专家到柏林帮助重建邮政事业。信箱在普鲁士也随之被广泛使用。1836年信箱传到了比利时。1852年英国也出现了信箱。

邮政信箱最早只是一个很简单的木箱，后来包上了一层金属板。在以后的一百年间，信箱经过了不断改进，有的加上了各种标记，标出了邮政注意事项；有的涂上油漆，加以装饰，带有标志，放置在人们方便的地方。

邮票的来历

1410年左右，即明代永乐年间，我国出现了民间的民信局。人们寄信和寄邮包开始通过民信局交付邮费委托投寄。按当时民信局的规定，邮费大多由寄信人交付一半，收信人交付一半。应付邮费由发信人或民信局在信件上写明，如"沪至宁酒力付讫，宁至鄂照例"等字样（这里的"酒力"和下面讲到的"酒资""号金"等均指邮费的意思）。当时也有在寄信的时候就付清全部邮费，不过寄信人要在信件上批明"酒力付讫"等字样。还有人在寄信人交寄时不付邮费，待信件寄达后由收件人交付全部邮费的，这种情况要在信件

我国发行的猴票

上批明"酒资照例，号金照例"等字样，送信人根据此批语向收信人收取邮费。

19世纪初，西欧各国也多采取由收信人交付邮资的办法，邮资费按路程远近而定，在信件上填明应付数目，由送信人代收。不管是寄信人交付邮费，还是收信人交付邮费，总是比较麻烦，弊端也不小。

19世纪30年代，在英国某地曾发生一起拒付邮费的故事。

一辆邮政马车在一个小村上停了下来。邮差手举一封信，高喊收信人爱丽斯·布朗姑娘的名字。名叫爱丽斯·布朗的姑娘跑了过来，接过信略微看了一下信封后就把信退还给了邮差。"对不起，因为我付不起邮费，请把信退回给寄信人吧！"当时英国寄信的规矩是，邮资是由收信人一方付的。如果收信人不付邮资，信便退到寄信人处。邮差见爱丽斯·布朗本人在场，不肯付邮资，两人便争执起来。

这时，正好有位名叫希尔的人路过这里，他问清了情况，就代姑娘付了邮费，并把信递给了姑娘。姑娘对希尔说："谢谢您，我的确渴望收到这封信。因为它是我未婚夫汤姆寄来的啊！几个月前他去伦敦找工作了。"接着她停了一下，说："只是我们约定，在信封上注有'+'号表示平安，画有'○'则表示已找到工作，并已凑足了结婚费用。因为这封信上已注明了记号，所以我就让邮差把信退回去了事，这样也可省掉一笔邮资！"

希尔是在邮局工作的，他就是后来主管英国邮政的官员。希尔既为这对青年男女的聪明智慧而感到高兴，同时也感到当时邮政的收费制度不科学。

拓展思考

邮票

邮票是邮政机关发行，供寄递邮件贴用的邮资凭证。邮票是邮件的发送者为邮政服务付费的一种证明，发送者将邮票贴在信件上，再由邮局盖章销值，以用于在邮件被寄出前，证明寄邮人已支付费用。邮票的发行由国家或地区管理，是一个国家或地区主权的象征。邮票的方寸空间，体现一个国家或地区的历史、科技、经济、文化、风土人情、自然风貌等特色，这让邮票除了邮政价值之外还有收藏价值。邮票也是某些国家或地区重要的财源来源。收藏邮票的爱好叫集邮。世界上最早的邮票是黑便士，中国最早的邮票是清朝的大龙邮票。

通信的革命

于是希尔针对当时的邮政制度的弊端，在1837年写出了《邮局改革——其重要性和实用性》一书，提出了预付邮费的办法。他的具体设想就是用一张"凭证"贴在邮件上表示邮费已付。1839年，英国财政部采纳了他的建议，编制了下一年度邮政预算，并经维多利亚女王批准公布。同年，希尔选择了艺术家本杰明·柴伟顿的维多利亚女王肖像作邮票图案。1840年5月6日，英国发行了世界上第一枚邮票——"黑便士"，总印量为6800万枚，并于同年6月开始使用。从此，邮票表示交付邮资的办法很快为世界各国采用，并各自发行了自己的邮票。

最早的邮票——"黑便士"

不过，1840年世界上第一枚邮票诞生之前，曾有过种种代替邮资的标签、戳印和票证，它们可谓是邮票的前身。1651年，法国巴黎的市内邮政采用了一种"邮资付讫证"。它是一种向公众出售的标签，寄信人把它套在或贴在信封上，再把寄信日期写上即可。邮局收寄信件以后，把信封上的标签撕毁，使之不能再用。这种标签完全可以说是邮票的前身。当今世界，已发行20多万种形形色色的邮票。邮票的印刷材料也不只限于纸张，有的国家用塑料、丝绸，有的甚至用金、银、铜、铝等金属箔制作邮票。

邮票的出现大大推动了通信事业的发展，希尔由于发明了邮票对邮政改革做出了巨大贡献，1854年被升任为英国邮政总局的高级秘书。1864年，他获得爵士称号。1879年在去世前，他被授予英国首都伦敦荣誉市民的称号。

邮 戳

　　邮戳,一般总认为比邮票产生得晚。事实上,邮戳诞生的日子,比世界上第一枚邮票——英国黑便士邮票要早 179 年。

　　世界上第一个有日期的邮戳,是英国比绍普 1661 年创制和使用的。比绍普生于 1611 年,曾任英国皇家军队上校。1660 年 6 月 25 日任邮政总局局长。那时,伦敦由于共和派和保皇派之间发生激烈斗争,影响到了邮政管理,双方在邮局工作的人员都利用职权扣压和私拆对立派的信件,侦悉对方的意图和动向,因而造成邮件的积压和延误。另外,邮政局的局长多数是老板,他们为了节约开支,常常用不合用的马匹应付邮差,邮件经常发生延误。为了维护邮政信誉,

我国发行的纪念邮戳

查处积压邮件的渎职行为和考核邮差沿途的投递速度,比绍普设计了一个有日期的邮戳。

　　这枚邮戳是一个直径为 13 毫米的小图戳,分为上下两格:上格为日,下格为月,整个邮戳表示几月几日收寄。它于 1661 年 4 月开始启用,最先用于伦敦邮局。17 世纪末,爱丁堡和都柏林也开始使用。到 18 世纪,魁北克、波士顿、奥尔巴尼、查尔斯顿和加尔各答等地也开始普遍使用。比绍普邮戳一直使用了 126 年,直到 1787 年,才停止使用。

　　至于没有日期的邮戳,它的历史还要比有日期的邮戳长很多。现存世界上古老的没有日期的邮戳是威尼斯共和国邮戳,使用时间约在 1435 年。不过这种邮戳不是用印油盖在信封上,而是在封泥上压印出来的。

通信的革命

基本小知识

邮戳

作为邮政部门为实施作业程序，并表明对某项邮政业务的处理方式、方法的结果要留下一个印记为凭证而采用的一种盖印记的工具，即戳具，在邮政部门内部口语中称为"邮戳"，全称"邮政日戳"。其上一般标明邮件寄出和收到的时间地点，邮政日戳独具时间管理功能，是邮件传递时间和时限的查询依据，也是研究邮政发展和集邮收藏的重要项目。

几个世纪以来，邮戳在不同国家经历了各自特殊的发展过程。如1680年后，英国还启用加盖表示邮资已付字样的邮戳。接着，法国和其他一些国家也开始使用这种证明邮资已付的专用邮戳。这种表示邮资已付和已付邮资余额的邮戳和收寄地名邮戳是一并加盖在信封上的。而各国对邮戳的设计变化也越来越多，有的无文字，有的图案精美，有的只标出城镇名称，有的可以表示日期和数字，而最受人们欢迎的还是标有纪念性文字的邮戳。

邮票上的齿孔

当你撕下一张邮票贴在信封上时，你可能没有察觉到，邮票的齿孔给我们带来多少方便啊。但是，你可知道，这小小的邮票齿孔的问世还有过一段有趣的故事呢！

1840年5月6日，世界上第一枚邮票在英国诞生时，邮票是没有齿孔的。邮局工作人员是用剪刀将几十枚连成整张的邮票一张一张地剪开，出售给用户。这样既麻烦，又不容易裁剪整齐。

1848年冬季的一天，英国伦敦下着大雪，一位记者在市中心的一家饭店里，把当天的新闻写成稿

邮票上的齿孔

件，分装在几个大信封里，准备寄往外地的几家报馆。他取出刚刚从邮局买来的一大张邮票，准备剪开，贴在信封上，可是到处找不到剪刀。怎么办？他灵机一动，从衣襟上取下别在西装领带上的一根别针，用针尖在邮票空隙间，刺了一连串均匀的小孔，然后轻轻一撕就拉开了。这时，一个在铁路上工作的名叫阿察尔的爱尔兰青年，目睹了这个情景，他联想起车票票根上的齿孔就自言自语道：如果能制作一架打孔机，把每张邮票的空隙间都打上齿孔，使用起来该多方便啊！于是，他就凭着新闻记者的启示和自己工作中的联想在1847年10月1日向邮政总长提出了他的申请，经邮局技术师认可，推荐给邮票税票总监批准，终于制造了两台打孔机。第一台装有两个滚轮切刀，用来打出由短切口组成的横向和纵向齿孔。第二台装有双刃刀，用以在纸上冲出许多行切口。打孔机经阿察尔进一步改进后，在1850年1月转让给萨默塞特印刷厂；1850年8月，由邮票税票总监批准；1852年5月21日，调查委员会认可并批准购进。阿察尔型的新打孔机由戴维·纳皮尔父子公司制造，安装在萨默塞特印刷厂。1854年1月28日，有齿邮票正式使用。

知识小链接

印刷厂

印刷厂就是在纸张、织布及其他制品上印制图形文字的场所，现纸张印刷厂最为普及。

第一个发行通用有齿邮票的国家是英国，随后是瑞典，接着挪威、美国、加拿大也分别在1856、1857、1858年相继使用打孔机。

邮票上的齿孔度是法国巴黎的雅克·阿马勃勒·勒格朗博士在1866年发明的。这是测量在2厘米长的线段内齿孔数的简单方法，一直沿用至今，并且能使集邮家精确地表述齿孔的各种变异。一枚标有"齿孔14度"字样的邮票，就意味着它的四边上每2厘米有14个孔。标记"齿孔15×14度"字样的邮票，就意味着它的上下边每2厘米有15个孔，它的两侧边每2厘米有14个孔。

通信的革命

邮政编码的使用

随着社会的进步，邮政事业飞快地向前发展着，邮政信函数量成倍成倍地增长，邮件分拣仅依靠人工熟记地名、按地址投格的古老分拣方式，已不能适应速度和质量的要求。改进邮局管理已是刻不容缓的事了。

德国邮政职工于1942年首先想出用两位数字表示邮区的不完备的系统，这是邮政编码雏形，也是邮政通信史上一个了不起的发明。接着英国的邮政职工在1957年7月把国内一个个不同地名分别编定为一个有规律的四位数的编号系统，并把它端正地写在信封的固定位置上，这样就可以使用自动分拣机了。

由德国邮政职工创造、英国邮政职工改进的这种编码是为着实现信函分拣的自动化而制定的邮政通信地址的代号，人们把它称为"邮政编码"。

英国是最早实行邮政编码的国家。从20世纪60年代起，各国的邮政部门对邮政编码者给予了极大的重视，到了20世纪80年代已有40多个国家和地区实行了这种制度。如今，国际邮政行业把是否实行邮政编码，作为评价一个国家邮政技术水平高低的重要标准。

我国邮电部于1978年吸取外国经验试行了"邮政编码"制度，并于1980年7月1日在全国推广。我国的邮政编码采用"四级六码"制。对全国每个投递区分别编为6个阿拉伯数码组成的代号，即所谓"六码"。六位数码分别表示省（直辖市、自治区）、邮区、县市和投递局"四级"。主位数的前2位代表省，第三位代表邮区，第四位代表县、市，最末2位代表投

拓展阅读

自动分拣机

自动分拣机是按照预先设定的计算机指令对物品进行分拣，并将分拣出的物品送达指定位置的机械。随着激光扫描、条码及计算机控制技术的发展，自动分拣机在物流中的使用日益普遍。在邮政部门自动信函分拣机及自动包裹分拣机已经使用多年。

递区。

利用邮政编码使用自动信函分拣机，每小时可分拣信函 2 万件以上，相当于 10 名分拣员的工作量，并可以保证分拣质量。有了邮政编码，且不说使用自动分拣机，就是用手工分拣，看编号投格，也比看文字要简单得多。分拣员把邮政编码称为"不需要任何网络知识的分拣手段"是很有道理的。

集邮的由来

邮票自从问世的那天起，就表现出它特有的"双重价值"，即邮票本身表示邮资所固有的价值和它所含有的欣赏、艺术价值。

邮票是表示邮资的有价凭证，邮局出售后贴用在寄递的邮件上，把它盖销，使之不能再用。然而，邮票并不因为把它盖销，而改变它所具有的欣赏、艺术价值。随着时间的推移，它的欣赏价值更为突出，它的收藏和研究价值也越高。

那么，世界上第一个集邮者是谁？"集邮"这个词儿又是何时诞生的？

1840 年 5 月 1 日，英国"黑便士"邮票诞生的那一天，大英博物馆的约翰·格雷博士专门到邮局买了"黑便士"邮票，作为纪念品把它珍藏起来。以后每当发行新邮票他必定收藏。若干年后（1863 年）他出版了一本早期邮票目录和第一本集邮贴册名录。由于从它一诞生起就有它特殊的艺术价

集邮册

值，在"黑便士"邮票发行不久，英国就有位妇女开始收集盖销了的邮票，用它来美化她的梳妆室。伦敦的一家权威报纸，还特地为她收集邮票而大登征集广告。当时有些教师要求学生把收集到的邮票贴在地图上，启发学生学习地理的兴趣。还有许多家长鼓励子女收集邮票。邮票逐渐显露出它的"双重价值"来了。

"集邮"这个词，则是法国巴黎人乔治·埃尔潘创造的，用以替代在19世60年代曾使用的不科学的词"邮票迷"。

邮票诞生后，世界各国发行了大量邮票，内容十分丰富，从政治、经济、文化、历史，到自然风貌、乡土民情，无不反映在邮票上，难怪有人把邮票喻为"形象的百科全书"、"微型大辞海"。

随着集邮的发展，邮票的思想性、知识性、艺术性、史料性、娱乐性在人类文化中发挥着它独特的作用。同时邮票也成为"商品"在世界范围内进行广泛交易。

100多年来，也出现了一些著名的邮票收藏家和集邮家。如费拉里、塔普林、布赖富斯三位收藏家被公认是19世纪收集数量最多、价值最大的邮票拥有者。

1869年成立的伦敦皇家集邮协会，是现今仍然存在的最古老的集邮协会。1870年，在德国德莱斯顿举行了第一次邮票展览。1926年6月18日各国集邮爱好者在法国巴黎成立了国际集邮联合会，1982年8月我国中华全国集邮联合会被接纳为该会会员。

知识小链接

国际集邮联合会

国际集邮联合会是由各国（地区）集邮组织组成的全球性集邮组织，由德国、奥地利、比利时、法国、荷兰、瑞士和捷克斯洛伐克7国共同发起，创立于巴黎。

世界邮票之最

世界上第一种邮票 1840 年 5 月 6 日由英国发行。图案为英国女王维多利亚侧面像，面值 1 便士，邮票为黑色，通称"黑便士"。

世界上最早的纪念邮票 1871 年由秘鲁发行，以纪念南美最早的铁路（从利马到列卡拉奥玛）通车二十周年。也有人认为，1893 年，美国为纪念航海家哥伦布发行的 16 枚邮票，是世界上第一套纪念邮票。

世界上最早的航空邮票 1917 年由意大利发行。它是在普通邮票上加印了三行文字。意思是："航邮试验，1917 年 5 月，都灵—罗马—都灵。"

世界上最早的欠资邮票 1845 年由前荷属东印度（即现在的印度尼西亚）发行。也有人认为 1859 年由法国最早发行。

世界上最早的包裹邮票 1879 年由比利时发行。也有人认为是 1884 年由意大利发行的。

世界上最早的快递邮票 1885 年由美国发行。

世界上最早的慈善邮票 1897 年由新南威尔士（现澳大利亚的一个州）发行，面值 1 便士和 1.5 便士，但以高出面值 20 倍的价格出售，收入全部用于慈善事业。也有人说 1905 年日俄战争时，俄国为救济阵亡战士遗孤而发行的邮票是最早的慈善邮票。

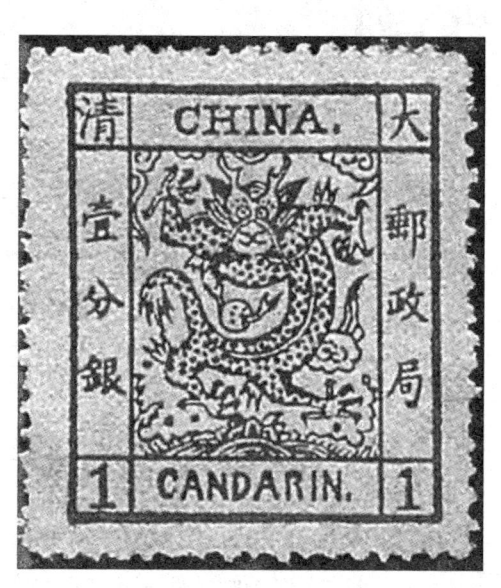

我国最早发行的大龙邮票

世界上最早的公事邮票 1854 年由西班牙发行。

世界上最早的新闻纸邮票 1851 年由奥地利发行。票面上不标面值，只能根据颜色的不同加以区别。

通信的革命

世界上最早的军事邮票 1898 年由土耳发行。也有人认为是 1901 年由法国发行的。

世界上最早的挂号邮票 1865 年由哥伦比亚发行。也有人认为是 1888 年由巴拿马发行的。

世界上最早的圣诞节邮票 1898 年由加拿大发行。

世界上最早的保价邮票 1865 年由哥伦比亚发行。

世界上最早的印刷品邮票 1879 年由土耳其发行。邮票上加盖"印刷品"字样，可同时作新闻纸邮票使用。

世界上最早的汇兑邮票 1884 年由荷兰发行。

世界上最早的气压传输邮件邮票 1918 年由意大利发行。

世界上最早的海上邮政邮票 1850 年由土耳其海军部发行。它用于支付由海军舰只运送邮件的邮资，不标面值，只有"邮资已付"字样，金额必须在邮票上填写。

广角镜

哥伦比亚

哥伦比亚共和国，在南美洲西北部，西濒太平洋，北临加勒比海，东同委内瑞拉，东南同巴西，南与秘鲁、厄瓜多尔，西北与巴拿马为邻。

世界上最早的电信邮票 1864 年由普鲁士发行。

世界上最早的亲启邮票 1937 年由捷克斯洛伐克发行（两种），把它贴在邮件上，要求收信人亲收。

世界上最早的盲文邮票 1979 年由巴西发行。票面上有两种盲文，它是作为慈善邮票发行的。

世界上最早的星期天邮票 1925 年由保加利亚发行，专用于星期天投寄的信件上。其收入作为邮政职工疗养院的维修费。

世界上最早发行的无面值邮票 1901—1903 年由哥伦比亚的巴巴科斯发行。其面值是在出售时用钢笔填上去的。

世界上最早的附言邮票 19 世纪末至 20 世纪初由比利时发行。该票下端附有一副票，上面印有"星期天不要投递"的字样。

世界上最早的无文字邮票 1874 年由奥地利发行。票上只有一个"传信神"头像。该票专为寄递报纸时用。

世界上最早的三角形邮票 1853 年 9 月 2 日由南非好望角发行。图案为一位女神，象征好望角。

世界上最早的圆形邮票 1852 年由印度发行。

世界上最早的椭圆形邮票 1886 年由墨西哥发行。

世界上最早的异形邮票 1963—1964 年由汤加和塞拉利昂先后发行，分别为香蕉形、地图形等异形邮票。

世界上最早的盘卷邮票 1908 年由美国发行。它将上千枚邮票印在长纸带上，然后做成盘卷式，放在自动售票机里一枚枚出售。

世界上最早的小本票 1895 年由卢森堡发行。1904 年它被介绍到英国，此后为各国所效仿。

世界上最早的金属邮票 1955 年由匈牙利为纪念本国制铝工业创建二十五周年而发行。图案为飞机掠过冶金工业区。

世界上最早的丝绸邮票 1958 年由波兰为纪念本国邮政四百周年而发行。图案为古代邮车。

世界上最早的立体塑料邮票 1969 年由不丹为纪念美国"阿波罗"号飞船登月而发行，共 7 枚。画面为飞船登月场面。

拓展思考

小本票

数枚相同面值或多种面值的邮票连印在一起并装订在小本册内，称小本票。小本票上的邮票与原邮票的图案、面值、刷色均相同，只是由于装订裁切往往有一边或两边无齿孔。

世界上最早的唱片邮票 1973 年由不丹发行。它用塑料制成，邮票外形像袖珍的密纹唱片，国名和面值在中心圆附近，外圈录有不丹国歌和民歌。

世界上最早的磷光邮票 1957 年由英国发行，经信函自动分拣机内的紫外灯照射，邮票表面能显示出鲜艳夺目的磷光。

世界上最早的香味邮票上世纪 50 年代由古巴发行。它是用橘子、大茴香籽、柠檬等香料调在胶水内做成的。

世界上最早的树叶邮票 1982 年由加蓬共和国在二十二周年国庆之际发行。它是用特殊工艺将图案印刷在奥库梅树叶上的。

世界上最早的电子邮票 1981 年 1 月 2 日由联邦德国发行。

通信的革命

世界上票幅最大的邮票1979年10月30日由马绍尔发行。它长160毫米，宽110毫米，比普通的信封还大，面值75美分。图案为岛屿鸟瞰图。邮票上方印有一行字："让和平来到地球上。"

世界上最长的邮票1913年由中国发行，尺寸为247.81毫米×69.89毫米。

世界上面值最高的邮票1946年7月13日由匈牙利因经济崩溃而发行。

世界上面值最小的邮票1946年由匈牙利发行，面值折合美金仅有一千兆分之十六美分。

趣味点击　圭亚那

圭亚那位于南美洲东北部，全称为圭亚那合作共和国，1966年脱离英国独立。印第安语意为"多水之乡"。

世界上最贵的邮票1856年由英属圭亚那发行，面值1分。由于它是传世孤品，1980年它在美国被拍卖时，售价85万美元，加上税款，买主实际上付出了近百万美元。

世界上发行量最多的纪念邮票是1932年美国发行的华盛顿诞辰两百周年纪念票中的面值2分票，共发行了4222198300枚。

世界上最早的大学邮票1871—1886年由牛津大学和剑桥大学发行。它供校际之间传递书信用，后因邮局干涉而停止发行。

世界上最早的自动粘贴邮票1964年由塞拉利昂发行，这种邮票的背胶不用弄湿，用时只要把上面那张保护纸揭下来即可。

世界上最大的私人邮集是法国莫里斯·伯勒的邮集，拍卖时卖了325万美元。

世界上最大的国家邮集是大英博物馆的邮集。这部皇家邮集中有400卷，价值超过250万美元。

世界上文种最多的邮票是联合国邮票。邮票上通常用中、英、法、西、俄5种文字标示。

世界上最早的"票中票"1940年由墨西哥发行。图案是世界第一枚邮票"黑便士"。也有人认为是1935年葡萄牙发行的一枚邮票。

世界上最早的金属复制品邮展是国际邮政局长协会从1980年1月起，发行的一套"世界各国最早的邮票"银质复制品，共73种，按原样复制，并镀以开金。邮票背后有该协会的印章，同时附有介绍邮票的说明书。

世界上最早的邮戳是在1661年由英国邮局最先开始使用的。它是由当时英国的邮务部长比绍普设计的。这种小圆戳上格填写日，下格填写月。后来集邮界将这种邮戳称为"比绍普邮戳"。

世界上最早的小型张是1937年为纪念巴黎国际邮展而发行的。

世界上最早的音乐家邮票1919年由波兰发行。图案是帕德列夫斯基像。他是波兰总理，亦是位钢琴家兼作曲家。

世界上最早的侦探家邮票1979年由圣马力诺发行。全套共5枚，图案分别是五部小说中著名的侦探头像。第一枚是福尔摩斯。

世界上最早的奥运会邮票1896年由希腊为第一届奥运会而发行。全套12枚，票上有12种与古代奥运会有关的图案。

世界上最早的地图邮票1887年由巴拿马发行。图案是巴拿马地图，但邮票上印的国名是哥伦比亚，因为当时巴拿马是大哥伦比亚联邦的一个省。

世界上最早的南极邮票1933年由美国为纪念海军少将伯德第二次极点空测而发行。

世界上最早的动物邮票1851年由加拿大发行。邮票上印了一只海狸。

世界上最早的船邮票1847年由南美的特立尼达发行。它以"麦里奥德夫人"号汽船为图案。

世界上最早的国旗邮票1895年由朝鲜发行。

世界上最早的红十字邮票是1889年葡萄牙发行的无面值红十字邮票。

我国邮政的发展史

◎ 古代邮政

中国古代邮驿有邮、置、遽、传等不同名称，汉朝始称"邮驿"，元朝称"站赤"，明清两代通称"驿站"。自周朝起至清朝光绪二十二年（1896年）建立大清邮政、清末裁驿归邮止，中国古代邮驿存在了约3000年。

通信的革命

关于周朝以前的邮驿尚未发现直接史料。但从殷墟出土的甲骨文中,可以推测商代已经有了有组织的通信活动。在郭沫若所著的《卜辞通纂》和《卜辞通纂考释》中第431片、第512片和第513片上,都有"㱃女"字,有的片上还有"亻㱃"字。考古学家认为这两个字都是指传递情报的人。

知识小链接

甲骨文

甲骨文是中国已发现的古代文字中时代最早、体系较为完整的文字。甲骨文主要指殷墟甲骨文,又称为"殷墟文字"、"殷契",是殷商时代刻在龟甲兽骨上的文字。19世纪末年,在殷代都城遗址被发现。甲骨文继承了陶文的造字方法,是中国商代后期(公元前14世纪—公元前11世纪)王室用于占卜记事而刻(或写)在龟甲和兽骨上的文字。殷商灭亡周朝兴起之后,甲骨文还继续使用了一段时期。

周朝设烽火台传递紧急军情,设邮驿传递军报和政令。在先秦文献中有不少有关邮驿的记载。孔子说:"德之流行,速于置邮而传命。"可见当时邮驿已经相当普遍,而且邮传速度也相当快了。

春秋战国时期,各诸侯国都有邮驿。如《左传》僖公三十三年(公元前627年)中说:郑国商人弦高路遇偷袭郑国的秦军,他便一面伪装郑国使者,用他贩运的12头牛犒劳秦军,一面利用邮驿急告郑国。秦军以为郑国已有防备,遂罢兵而返。又如《左传》文公十六年(公元前611年)中说:麇人叛楚,楚王为调兵遣将反击麇军,不乘战车,改乘常见的邮车,会师于临品,出其不意,击败麇军,灭掉麇国。此外,各地出土的这个时期的文物中,还有不少作为传令、调兵、通信凭证用的铜马节、虎符等。

秦始皇在公元前221年灭六国建立中央集权的秦朝后,筑驰道,统法度,车同轨,书同文,开河渠,兴漕运,为邮驿的发展提供了有利条件。1975年底至1976年春在湖北省云梦县睡虎地秦墓出土的竹简中,"行书律"、"田律"、"司空律"、"内史杂律"都有关于邮驿的规定,如对传递官府文书的时间要求、登记手续、人员条件、生活待遇以及奖惩办法等。出土文物中还有出征淮阳(今河南淮阳)的秦军士卒用木牍写的两件家书,内容都是向母亲要衣料或钱并问候亲友。这是已发现的最早的家书实物。

汉朝（公元前206年—公元220年）继承秦制，每30里（15千米）置驿，每驿设官掌管。中央由太尉（大司马）掌全国兵事，其下有"法曹主邮驿科程事"（《后汉书·百官志》）。汉代经营西域，邮驿更加发展。"立屯田于膏腴之野，列邮置于要害之路，驰命走驿，不绝于时月。"《后汉书·西域传》中的这段话记录了当时邮驿发展的情景。

唐朝（618—907）建立了强大的封建帝国，经济发达，丝绸之路远达欧洲。邮驿设置遍于国内，分为陆驿、水驿、水陆兼办三种，共1639处。唐驿在中央由兵部的驾部郎中管辖；在地方，各节度使下设馆驿巡官四人，各州有兵曹、司兵、参军分掌邮驿，各县皆由县令兼理驿事。另外，还建立了邮驿的考绩制度和视察制度，并规定各道有判官一名掌管全道驿政考绩；中央有监察御史一人兼馆驿使，考察驿务。每驿有驿长一人；凡有三匹马，配一名驿夫；有一只船，配三名驿夫。紧急公文，驿马日行三百里（150千米）。唐诗人岑参在《初过陇山途中呈宇文判官》诗中写道："一驿过一驿，驿骑如星流；平明发咸阳，暮及陇山头。"这正是对当时邮驿的生动写照。唐代的藩镇都在京城长安设"上都邸务留后使"，他们将朝廷大事写成新闻，送给各藩镇节度使，称为邸报，并有邸抄、朝报、条报、杂报等名称。唐玄宗开元年间（713—741）的《开元杂报》已用木板雕刻并印成单张。这种古代的报纸，当时也由邮驿传递。

宋代（960—1279）邮驿的规模不如唐驿，但有新的改革，即：①驿卒由

拓展阅读

丝绸之路

丝绸之路，简称"丝路"，是指西汉（公元前202年—公元8年）时，由张骞出使西域开辟的以长安（今西安）为起点，经甘肃、新疆，到中亚、西亚，并连接地中海各国的陆上通道（这条道路也被称为"西北丝绸之路"以区别日后另外两条冠以"丝绸之路"名称的交通路线）。因为由这条路西运的货物中以丝绸制品的影响最大，故得此名（而且有很多丝绸都是中国运的）。其基本走向定于两汉时期，包括南道、中道、北道三条路线。

通信的革命

民改为兵卒担任；②战时设急递铺。沈括《梦溪笔谈》说："驿传旧有步、马、急递三等，急递最遽，日行四百里（200千米），唯军兴用之。熙宁中又有金字牌急脚递如古羽檄也，以朱漆木牌金字，日行五百里（250千米）。"岳飞被秦桧陷害，被召回南宋京都临安，一日之内在前线接到的十二道金牌，就是由急递铺传送的朱漆金字牌。此外，据《宋史·仁宗本纪》记载，宋代法律对于邮驿特别编定专令——《嘉驿令》74条，可惜已经遗失。

1206年，蒙古铁木真（成吉思汗）完成蒙古的统一，建立国家；1230年，窝阔台始建固定的邮驿，蒙古语称"站赤"；1271年忽必烈改国号为元；1279年灭南宋，统一中国。由于军事活动频繁，疆土不断扩大，邮驿也随之而发展。元驿特点是：驿政有蒙古站赤和汉地站赤之分，前者属通政院，后者属兵部；规模远超汉唐。据元《经世大典》记载，仅在中国境内即有站赤1496处。此外还有大量的急递铺。这部书还记录了元驿的概况："凡在属国，皆置传驿，星罗棋布，脉络贯通，朝令夕至，声闻毕达。"出生于威尼斯的意大利人马可·波罗所著《马可·波罗行记》记载："所有通至各省之要道上，每隔二十五迈耳（25千米），或三十迈耳（30千米），必有一驿。无人居之地，全无道路可通，此类驿站，亦必设立。……合全国驿站计之，备马有三十万匹，专门钦使之用。驿站大房屋有一万余所，皆设备妍丽，其华靡情形，使人难以笔述也。"马可·波罗的描述不一定全部准确可靠，但也能表明元驿规模之大。

明清两代邮驿，大多沿袭旧制。清代中叶后，驿站经费成了地方官吏贪污中饱的财源。驿政废弛，驿递迟缓。随着近代邮政的建立，古老的邮驿制度终被完全淘汰。

◎ 近代邮政

古代邮驿只供政府专用，民间通信最初是依靠便人捎带或专人递送，后来才出现私营的邮递组织。17世纪，英、法等国把政府专用和民间经营的邮递组织结合起来，创立了国家专营的邮政事业，它既满足政府的通信需要，又为公众服务，发展成为近代邮政。

中国近代邮政。中国在正式建立近代邮政前，除驿站外，有商营的民信局和侨批局，有帝国主义者的客邮，还曾经历过一段海关兼办邮政的过程。

中国近代邮政随着国体的变更，分为三个阶段：大清邮政、中华邮政和中国人民邮政。

民信局和侨批局。"民信局"又名"民局"，是传递民间书信、物品和办理汇款的私营商业组织，约创始于明朝永乐年间（1403—1424）。从明朝后期起随着城乡商品经济的发展，由此而来的民间通信，尤其是商人通信需要的增长，为民信局的发展提供了有利条件。清朝道光至光绪年间（1821—1908），大小民信局已多达数千家。有的还在当时商业中心的上海、宁波等地设立总店，在各地设立分店或代办店，并与其他民信局联营，构成了民间的通信网。中国近代邮政建立后，虽然法律规定邮政由国家专营，但这种民信局直到1935年才被全部取消。

> **拓展思考**
>
> **永 乐**
>
> 永乐是中国明代明成祖朱棣的年号，1403年至1424年，定都北京，郑和下西洋、编修中国古代类书之冠的《永乐大典》等重大历史事件都发生在这一时期。其间，经济社会、全国统一形势得到进一步巩固和发展。

侨批局也是私营民信局，但专门经营华侨与其亲属之间的通信、汇款业务。因福建方言称"信"为"批"，称"信商"为"批郊"，所以通常称"侨批局"，此外还有"批郊""批局""批信局"等名称。华侨远离祖国，通信困难，侨批局就是适应这种需要而产生和发展起来的。侨批局详细登记一些华侨的家乡地址、亲属姓名，并编列专用号码作为他们通信、汇款之用。有的侨批局在东南亚一带设有总店或联店，几乎垄断了华侨寄信、汇款业务。有了近代邮政后，侨批局把收寄的信函交给当地邮局寄递。因国外寄来的侨批信上地址、姓名往往不详，邮局无法投递，只得仍交侨批局按"专用编号"查明投送。这种侨批局直到中华人民共和国成立后逐步取消，现在广东、福建两省还存在少量类似的组织。

客邮。西方列强在中国领土上强行设立的邮局，清政府称为"客邮"。1834年，英国在中国广州开办了第一个英国邮局。1840年鸦片战争以后，英国进一步在中国的通商口岸广设邮局。其他帝国主义国家借口"利益均沾，

通信的革命

机会均等"，纷纷效尤。法国于 1861 年、美国于 1867 年、俄国于 1870 年、日本于 1876 年、德国于 1886 年，都先后在中国设立各自的邮局。在第二次鸦片战争、甲午战争、八国联军侵华战争中以及在中国境内交战的日俄战争中，各国以种种借口，不断扩大客邮范围，不仅在中国沿海、沿江大中城市任意设立邮局，甚至深入到中国边疆如新疆、云南、黑龙江、西藏等地。第一次世界大战中，日本入侵中国山东省，并在胶济铁路沿线要地设置日本野战邮局。客邮不受中国政府管辖，各执行其本国邮章，使用其本国邮票，却加盖中国地名邮戳；不仅邮寄其侨民的邮件，也收寄中国人在中国境内互寄的邮件。甚至凭借客邮邮袋不受海关检查的特权，贩运毒品、珍宝等，进行走私活动。此外，各国驻华领事馆、租界当局以及洋行、投机商也任意开设书信馆、本地邮局。其中不少是打着传递书信招牌，实际进行投机诈骗等非法活动。

> **趣味点击　甲午战争**
>
> 甲午战争是 19 世纪末日本侵略中国和朝鲜的战争。它以 1894 年 7 月 25 日丰岛海战的爆发为开端，到《马关条约》签字结束。按中国干支纪年，时年为甲午年，故称"甲午战争"。这场战争以中国失败告终。中国清朝政府迫于日本帝国主义的军事压力，签订了丧权辱国的不平等条约——《马关条约》。它给中华民族带来空前严重的民族危机，大大加深了中国社会半殖民地化的程度。

> **知识小链接**
>
> **第二次鸦片战争**
>
> 第二次鸦片战争是 1856 年至 1860 年间发生于中国本土，英国与法国联手进攻清朝的战争。英国与法国趁中国太平天国运动之际，以"亚罗号事件"及"西林教案事件"为借口，联手进攻清朝政府的战争，又被英国人称为"亚罗号战争""英法联军之役"或"第二次中英战争"。因为这场战争可以看作是第一次鸦片战争的延续，所以也称"第二次鸦片战争"。

自光绪二十九年（1903 年）清政府照会各国要求撤销在华客邮起，中国政府多次交涉均无结果。第一次世界大战后，中国在巴黎和会上再度提出"撤去客邮"议案，遭大会拒绝。大会将德国在山东的一切权利、特权（包括德国客邮）"一概让与日本"。只有列宁领导的苏维埃政府于1919年7月发表宣言，声明放弃帝俄与中国订立的一切不平等条约和因缔约而享受的一切非法特权，自动撤销了帝俄的客邮。1921年11月至1922年2月在美国召开的九国太平洋会议上，才通过"撤销在华客邮案"。会议以后，英、法、美三国的客邮于1922年12月底被撤销。对设在中国东北的一些铁路沿线和旅大地区的日本客邮，日本借口说是日俄战争后俄国按照《朴茨茅斯条约》转让日本的，拒不撤销，直到抗日战争胜利后才被迫取消。此外，英国在中国西藏设立的邮局、电报局、电话局，在印度脱离英国独立后，由印度继承下来。1955年4月1日，才由印度政府交还中国。客邮在中国存在121年之久的历史，至此结束。

海关兼办邮政。自鸦片战争后订立了不平等的中英《南京条约》起，中国就开始丧失了关税自主权，由外国人管理中国海关。

1861年起，各国驻华使馆往来邮件均交由清政府总理各国事务衙门（简称"总理衙门"）转中国驿站代寄。不久因农民起义军——捻军活跃于南北各地，总理衙门怕负责任，便推给海关办理。当时任海关总税务司的英国人赫德早有觊觎中国邮权的野心，当即同意。自1866年12月开始，改由海关传送。

广角镜

南京条约

《南京条约》是中国近代史上与外国签订的第一个不平等条约。道光二十二年（1842年），清朝在与英国的第一次鸦片战争中战败。清政府代表在泊于南京下关江面的英军旗舰"康华丽"号上与英国签署《南京条约》。

1878年，赫德在北洋大臣李鸿章支持下，委派天津海关税务司德国人G.德璀琳以天津为中心，在北京、天津、牛庄（营口）、烟台、上海五地试办近代邮政。同年3月23日起开始收寄公众邮件，随后开始发行中国最早的大龙邮票。1880年1月11日正式公布《海关拨驷达局告白》，规定了各路邮运班期和各种邮件资费。1884年，凡设有海关的地方基本上都开办了海关邮政。

大清邮政。光绪二年（1876年），清政府在驿站之外又设立文报局，专

通信的革命

门负责传送出使外国钦差的往来文报。以后各省也在省会和通商口岸设立文报局，利用船舶、列车寄送公文，并可代递私人信件。1888年3月12日起，台湾巡抚刘铭传将台湾驿站改为邮政，设立台湾邮政总局，并发行官用的"台湾邮票"和民用的"邮政商票"两种邮票。这种邮票是二联单，发售时裁开，一联粘在信封上，一联作为存根，并且只限在寄信时出售。甲午战争后，台湾被日本侵占，因此这一改革未能继续下去。

赫德在海关兼办邮政后，为了进一步攫取中国整个邮权，利用当时洋务运动的兴起，不断对总理衙门施加压力。1896年，清政府决定正式成立大清邮政，将海关拨驷达局改称大清邮政官局，并委派赫德为总邮政司。

英国独占中国邮政大权，引起其他帝国主义国家向中国索取均沾的利益。在大清邮政开办刚两个月，法国于5月19日即照会清政府称："……将来中国邮政陆续推广，招募外国人员，其法国人员，亦应公平令其同办。"1898年4月9日，法国公使又要求中国正式声明："中国国家将来设立总理邮政局专派大臣之时，拟聘请外员相助，所请外国官员，声明愿照法国国家请嘱之意酌办。"清政府同意照办。法国政府不等中国设立邮政专派大臣，就推荐帛黎掌管中国邮政，于是在总邮政司赫德之下，另设邮政总办一职，由帛黎充任。

大清邮政成立后，实际仍由海关兼办。1906年，清政府成立邮传部，要求接管邮政，但总税务司署迟迟不肯交出。直到1911年才由邮传部尚书盛宣怀与代理总税务司英国人F. A. 安格联议定《移交邮政事宜要义》，由邮传部保证"在事之华洋邮政人员，凡经总税务司派定者，现在均仍定用"。海关兼办邮政45年，不但未给国家增加收入，却说拖欠海关白银184万余两，也要邮传部按年息4厘，分5年还清。

> **基本小知识**
>
> **邮传部**
>
> 邮传部是清政府于光绪三十二年（1906年）设置的中央机构。
>
> 在此之前，交通行政无专管机构，船政招商局由北洋大臣主管，铁路、电政另派大臣主管。设部后，一切并入，设置尚书及左右侍郎为主管，分设船政、路政、电政、邮政、庶务五司，各有郎中、员外郎、主事等官。辛亥革命后，北洋政府改为交通部。

邮传部于宣统三年五月初一（1911年5月28日）接管大清邮政后，除任命邮传部左侍郎、铁路总局局长李经芳兼任邮政总局局长外，一切原封未动，邮政大权仍操在邮政总办帛黎之手。

　　中华邮政。中华民国成立后，大清邮政改为中华邮政，实际上仍由外国人把持。1912年元旦，中华民国临时政府成立，孙中山就任临时大总统。当时邮政总办帛黎敌视中国辛亥革命，竟然搞起"临时中立"，在大清邮票上加印"临时中立"字样。在临时政府提出异议后，他又决定再加印"中华民国"四字，这种邮票遂成为"中华民国临时中立"不伦不类的怪票，并专在汉口、南京、长沙三地出售；孙中山认为有辱国体，由临时政府再次制止，帛黎才将这一怪票取消。1917年，帛黎去职，法国人铁士兰接任邮政总办后，1918年在其通谕中规定"邮政总办有权做最后之决定"。在1927年北伐战争期间，他利用他的"最后决定权"，竭力阻挠革命当局接管邮政，下令各外籍邮务长"能抗拒多久，就抗拒多久"。在湖南邮工掀起收回邮权、驱逐法国邮务长运动中，铁士兰竟下令切断与湖南的汇兑和包裹业务。当时，北洋政府的邮政总局设在北京，铁士兰是邮政总办。不久，南京国民党政府成立，另设邮政总局，担任邮政总办的也是铁士兰。这样就形成南北两个总局，一个邮政总办的局面。南北两总局合并时，铁士兰迫于中国邮政工人运动的压力而引退。南京国民党政府改派挪威人E.多福森任邮政总办，并规定以后凡有高级洋员出缺，不再添用洋员。直到抗日战争胜利后，中国邮权才逐步收回。

知识小链接

汇兑

　　汇兑是汇款人委托银行将其款项支付给收款人的结算方式。单位和个人的各种款项的结算，均可使用汇兑结算方式。汇兑又称"汇兑结算"，是指企业（汇款人）委托银行将其款项支付给收款人的结算方式。这种方式便于汇款人向异地的收款人主动付款，适用范围十分广泛。

　　1931年"九一八"事变发生后，日本侵占了中国东北三省。在东北的中华邮政拒绝使用伪满邮票、邮戳并拒绝悬挂伪满国旗，终于在1932年7月全部撤进关内。

通信的革命

◎ 中国人民邮政

中华人民共和国成立后，建立了中国人民邮政。这种为人民服务的邮政，是在中国共产党领导下，在对内和对外的革命战争中逐步形成的。

赤色邮政和苏维埃邮政。自中国共产党诞生之时起，党内通信即采取秘密交通方式。建立革命根据地后，根据地人民还创造了"递步哨"、"传山哨"等群众通信组织。国民党政府对革命根据地除进行军事"围剿"外，同时对邮政通信也施行"封锁"、"检查"、"扣留"等办法，以致使国共两区通邮遭到严重破坏。随着革命根据地的发展和巩固，各地相继建立赤色邮政。1930年3月，赣西南苏维埃政府成立，不久在原有地方交通站的基础上建立赣西南赤色邮政总局，并开始发行邮票。1930年5月闽西根据地的龙岩、上杭等地也建立了赤色邮政。赤色邮政对现役红军本人及其家属往来的信件、包裹免费寄递。1931年11月7日，中华苏维埃共和国临时中央政府宣告成立。在赤色邮政的基础上，1932年5月1日建立中华苏维埃共和国邮政总局，由中华苏维埃共和国临时中央政府内务部领导，并在粤赣、江西、湘赣、福建、闽赣、闽浙赣、鄂豫皖等革命根据地设立邮务管理局。苏维埃邮政总局成立时，发行了四种邮票，并配合苏区报刊发行部门开展报刊发行工作。

抗日战争和解放战争时期的人民邮政。抗日战争开始后，中国共产党领导下的各抗日根据地，先后成立了交通总局或战时邮政，并发行解放区邮票。尽管日本侵略者对抗日根据地进行严密封锁并实行"三光"政策，但抗日根据地的交通、战时邮政人员从村、区、县、专署、行署、边区，直到延安都建有许多秘密交通线。

1942年2月7日，中共中央山东分局将各级党委的交通科、政府的战时邮局、报刊社的发行部门合并，成立邮、交、发三位一体的"战时邮政"，创造了"邮发合一"制度。党的报刊不仅可以普及到各个村庄，还能广泛地散发到敌占区。后来其他解放区也大多实行"邮发合一"的制度。

抗日战争期间，为加强国共两区邮政联系，使人民通信不受阻挠，毛泽东和周恩来曾先后接见中华邮政第三军邮总视察段的总视察等。周恩来在1940年5月9日接见时题词"传邮万里，国脉所系！"，鼓励他们坚持国共两区通邮。1942年1月14日第十八集团军总部发布通令，号召各地军政机关对中华邮政予以支持和保护。但国民党政府对两区通邮，依然多方阻挠。

抗日战争胜利后，1946年国共双方签订停战协定。按协定组成的"北平军事调处执行部"提出了"整理恢复邮政谈判"。在谈判中，中共代表一再表示"全国邮政业务、人事管理、邮票发行可以统一"。但因国民党方面的干扰，谈判未能达成协议。

1946年6月，蒋介石撕毁停战协定，发动全面内战。1947年1月17日，南京国民党政府下令强迫各地中华邮政员工，只要当地失守，应即撤退，否则即予停职停薪；接着又规定"被中共攻占各地，暂停交换邮件"，但仍有不少中华邮政员工暗中与解放区通邮并拒绝撤退。1949年4月，中华邮政总局代表团随同南京国民党政府和平谈判代表团到达北平，进行"南北通邮谈判"，虽然于4月27日正式签署了全面正常通邮协议，但却被逃至广州的国民党政府行政院拒绝，并作出"对中共通邮通汇兑一律停止"的决定。

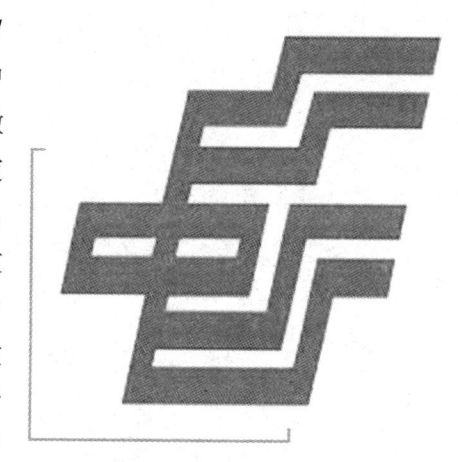

中国邮政

在解放战争中，解放区邮政提出了"一切为了前线，解放军打到哪里，邮政通到哪里"的战斗口号，并建立了军邮总局，随军前进。随着革命战争的胜利，在新解放区设立人民的邮政机构。

1949年10月1日，中华人民共和国成立。11月1日成立中华人民共和国邮电部，主管全国人民邮电工作。全国各地，普遍建立了各级人民邮政机构，组成了四通八达的邮政网络，中国人民邮政事业从此进入一个新的历史发展阶段。

通信的革命

电信时代的通信技术

我们现在每天使用的电话,你知道是谁发明的,电话又分为多少种类吗?

本章节,将为大家介绍 20 世纪重大的通信发明,让我们对通信技术有更深的了解。贝尔发明了电话,爱德华·贝兰发明了传真机,等等。

让我们继续探索电信时代的通信技术吧。

通信的革命

▶ 电信时代的序幕

20世纪，是人类历史上十分辉煌的一个世纪。就通信来说也不例外。许多重大的通信发明都降生在这个世纪。但当掀开这光彩夺目的历史画卷时，我们会不由自主地要回眸19世纪所走过的道路。因为，现代通信的源头在那里，20世纪的许多重大发明在那里孕育。

19世纪的前30年，人类的科学技术接连取得了一些重大的进展。例如，发明了蒸汽机车，在英国利物浦和曼彻斯特之间建成了第一条公用铁路，6600马力的"东方巨轮"下水等，都意味着一个高速通信时代将要到来。电信时代的序幕也渐渐被拉开了。

1832年，俄国外交家希林在当时著名的物理学家奥斯特电磁感应理论的启发下，制作出了用电流计指针偏转来接收信息的电报机。但不幸的是，当沙皇尼古拉一世决定起用这种电报机时，希林却与世长辞了。1836年3月，一位叫库克的英国青年看到了有关希林电报机的一本书，受到很大的鼓舞。他在伦敦高等学校教授惠斯登的帮助下，动手制作了几种形式的电报机，并在1837年6月获得了第一个电报机专利。

莫尔斯发明的电报，开始了用电作为信息载体的历史。从此，人类传输信息的速度大大加快了。"嘀嗒"一响（1秒钟），它已经绕地球轨道走了七圈半，这是以前任何一种通信工具所望尘莫及的。

> **基本小知识**
>
> **电　报**
>
> 电报是一种最早的、可靠的即时远距离通信方式，它是19世纪30年代在英国和美国发展起来的。电报信息通过专用的交换线路以电信号的方式发送出去，该信号用编码代替文字和数字，通常使用的编码是莫尔斯编码。现在，随着电话、传真等的普及应用，电报已很少被人使用了。

电报机开始被用在铁路通信上，但并不为人们所注意。后来，在一次追捕逃犯的战斗中，崭露了头角，从此名声大振。

电信时代的通信技术

1845年1月1日，伦敦帕丁顿车站的报务员收到了一份紧急电报，大意是说有一名杀人犯正坐在一列驰向帕丁顿的火车上，他的座位在第二节车厢的最后一个车室里。帕丁顿警方便根据这份电报所提供的线索很快使歹徒就范。这件事迅速传扬开去，使人们切身地感受到电报这种新的通信方式的"威力"。

贝尔与电话

电报声把人们想要传递的信息以30万千米/秒的速度传向远方。这是人类信息史上划时代的创举。但久而久之，人们又有点不满足了。因为发一份电报，需要先拟好电报稿，然后再译成电码，交报务员发送出去；对方报务员收到报文后，得先把电码译成文字，然后投送给收报人。这不仅手续繁多，而且不能及时地进行双向信息交流；要得到对方的回电，还需要等较长的时间。

你知道吗

电码

电码是利用若干个有、无电流脉冲或正负电流脉冲所组成的不同的信号组合，其中每一个信号组合代表一个字母、数字或标点符号。

人们对电报的不满，促使科学家们开始新的探索。

最早提出远距离传送话音建议的，是英国科学家罗伯特·胡克。1796年，休斯提出了用话筒接力传送信息的建议。虽然这种方法当时不太切合实际，但休斯为这种通话方式所取的名字——电话，却一直沿用至今。

19世纪30年代之后，人们开始探索用电磁现象来传送音乐和话音的方法，其中最有成就的要算是贝尔和格雷了。

贝尔，1847年生于英国苏格兰，他的祖父和父亲毕生都从事聋哑人的教育事业。由于家庭的影响，他从小就对声学和语言学有着浓厚的兴趣。开始，他的兴趣是在研究电报上。有一次，当他在做电报实验时，偶然发现了一块铁片在磁铁前振动会发出微弱声音的现象，而且他还发现这种声音能通过导

通信的革命

线传向远方。这给贝尔以很大的启发。他想：如果对着铁片讲话，不也可以引起铁片的振动吗？假如在铁片后面放有绕着导线的磁铁，导线中的电流也会随之时大时小地变化；电流传到对方后，又可推动磁铁前的铁片做同样的振动。这就是贝尔关于电话机的最初构想。

贝尔发明电话的努力得到了当时美国著名的物理学家约瑟夫·亨利的鼓励。约瑟夫·亨利对他说："你有一个伟大发明的设想，干吧！"当贝尔说到自己缺乏电学知识时，约瑟夫·亨利说："学吧！"就在这"干吧""学吧"的鼓舞下，贝尔开始了发明电话的艰苦历程。

1876年3月10日，激动人心的日子终于来临了。那天，贝尔正在做实验，一不小心，把瓶内的硫酸溅到了自己的腿上，他疼痛得喊叫起来："沃森先生，快来帮我啊！"想不到，这一句极普通的话，竟成了人类通过电话传送的第一句话音。正在另一个房间工作的贝尔先生的助手沃森，是第一个从电话里听到讲话声音的人。贝尔在得知自己试验的电话已经能够传送声音时，热泪盈眶。当天晚上，他在写给母亲的信中预言："朋友们各自留在家里，不用出门也能互相交谈的日子就要到来了！"

1877年，也就是贝尔发明电话后的第二年，在波士顿架设的第一条电话线路开通了，它沟通了查尔斯·威廉斯先生的各工厂和他在萨默维尔私人住宅之间的联系。也就在这一年，有人第一次用电话给《波士顿环球报》发送了新闻消息，从此开始了公众使用电话的时代。

是谁敲开了电磁波的"大门"

今天，当我们打开收音机欣赏立体声音乐，开启电视机了解世界要闻、饱览全球各地的风土人情时，不知你可曾想过，这些都是电磁波所创造的奇迹。那么，是谁敲开了电磁波的大门，揭开它那神秘的面纱呢？

摩擦能产生电，天然磁石能吸铁，这些原始的电磁现象早已为人类所发现。可是，一直到19世纪20年代，人们才开始逐步找到电与磁之间的关系。1820年，丹麦物理学家奥斯特发现，当导线中有电流通过时，放在它附近的磁针会发生偏转；学徒出身的英国物理学家法拉第（1791—1867）明确指出，奥斯特的实验说明了电能生磁。法拉第还通过艰苦的实验，发现了导线在磁场中运动时会产生电流，这就是所谓的"电磁感应"现象。

著名的科学家麦克斯韦用数学公式表达了法拉第等人的成果，而且把法拉第的电磁感应理论推广到了空间，认为在变化磁场的周围，能产生变化的电场，变化的电场又在它周围产生变化的磁场，如此推演下去，交替变化的电磁场就会像水波一样向远处传播。于是，麦克斯韦在人类历史上首先预言了电磁波的存在。

那么，又是谁证实了电磁波的存在呢？这个人就是德国青年物理学家赫兹（1857—1894）。

1887年的一天，赫兹在一间暗室里做实验。他把两个相距很近的金属小球接上交流高压电，小球之间有一个没有封口的圆环。随着一阵阵噼噼啪啪的电火花声，他发现，当他把圆环的开口调得越来越小时，便有火花越过缝隙。这便提供了能量能越过空间进行传播的有力证据。一

> **趣味点击** 电磁波
>
> 电磁波（又称电磁辐射）是由同相振荡且互相垂直的电场与磁场在空间中以波的形式移动，其传播方向垂直于电场与磁场构成的平面，有效地传递能量和动量。电磁辐射可以按照频率分类，从低频率到高频率，包括有无线电波、微波、红外线、可见光、紫外光、X射线和伽马射线等。

次看来十分平常的实验，却揭示了电磁波存在的伟大真理，为人类利用无线电波开辟了无限广阔的前景。一项伟大的科学成果从发现到为人类所利用，往往需要经过几代人前赴后继的努力。麦克斯韦预言电磁波的存在，但却没有能通过亲手实验证实他的预言；赫兹透过闪烁的火花，第一次证实电磁波的存在，但却断然否认利用电磁波进行通信的可能性。他认为，若要利用电磁波进行通信，需要一面面积与欧洲大陆相当的巨型反射镜。但是，"赫兹电波"的闪光，却照亮了两个年轻人不朽的征程。这两个年轻人便是波波夫和马可尼。

1895年5月7日，年仅36岁的波波夫在圣彼得堡的俄国物理化学学会的物理分会上，宣读了关于《金属屑与电振荡的关系》的论文，并当众展示了他发明的无线电接收机。当他的助手雷布金在大厅的另一端接通火花式电波发

通信的革命

赫兹

生器时，波波夫的无线电接收机的铃便响起来；断开电波发生器时，铃声立即中止。几十年后，为了纪念波波夫在这一天的划时代创举，前苏联政府便把5月7日定为"无线电发明日"。1896年3月24日，波波夫和雷布金在俄国物理化学协会的年会上，操纵他们自己制作的无线电收发信机，作了用无线电传送莫尔斯电码的表演。当时拍发的报文是"海因里希·赫兹"，以此表明他对这位电磁波先驱者的崇敬。虽然当时的通信距离只有250米，但它毕竟是世界上最早通过无线电传送的有明确内容的电报。

就在同一年的6月，年方21岁的意大利青年马可尼也发明了无线电收报机，并在英国取得了专利。当时通信距离只有30米。

马可尼1874年4月25日生于意大利波伦亚。他自幼便有广泛的爱好，对电学、机械学、化学都有浓厚的兴趣。13岁那年，他便在赫兹证实电磁波存在的论文的启发下，引发了利用电磁波进行通信的大胆设想。他时而在阁楼上，时而在庭院和农场里进行无线电通信的实验。1894年，他成功地进行了相距2英里（约3.22千米）的无线电通信的收与发。

马可尼发明之路荆棘丛生。他在申请政府赞助落空后，于1896年毅然赴英。在那里他得到了科学界和实业界的重视和支持，取得了专利。1897年，马可尼建立了世界上第一家无线电器材公司——美国马可尼公司。这一年的5月18日，马可尼进行横跨布里斯托尔海峡的

电报机

无线电通信获得成功。1898年，英国举行游艇赛，终点是距海岸20英里（约32.2千米）的海上。《都柏林快报》特聘马可尼用无线电传递消息，游艇一到终点，他便通过无线电波，使岸上的人们立即知道胜负结果，观众为之欣喜若狂。可以说，这是无线电通信的第一次实际应用。

二极管的发明，对马可尼的研究起到了积极推动作用。1901年，他成功地进行了跨越大西洋的远距离无线电通信。实验是在英国和纽芬兰岛之间进行的，两地相隔2700千米。从此，人类迎来了利用无线电波进行远距离通信的新时代。

知识小链接

二极管

二极管又称晶体二极管，简称二极管，另外，还有早期的真空电子二极管，它是一种具有单向传导电流的电子器件。在半导体二极管内部有一个PN结两个引线端子，这种电子器件按照外加电压的方向，具备单向电流的转导性。

1937年7月20日，马可尼病逝于罗马。罗马上万人为他举行了国葬；英国邮电局的无线电报和电话业务为之中断了2分钟，以表示对这位首先把无线电理论用于通信的先驱者以及1909年诺贝尔物理学奖获得者的崇敬与哀悼。

传真机的发明者——爱德华·贝兰

19世纪，继电报发明之后，许多科学家都开始致力于用电报传送摄影图片的研究，但没有取得明显的成果。这时，正在法国摄影协会大楼地下室里工作的爱德华·贝兰，也专心致志地投入了这项研究。

位于巴黎的法国摄影协会大楼是巴黎—里昂—波尔多—巴黎电信线路的起始点和终点，这为爱德华·贝兰的研究提供了得天独厚的条件。他一面潜心研究，一面争取得到电报局的允许，在夜间利用这条通信线路做实验。经过

通信的革命

三年废寝忘食的研究和实验，他终于在 1907 年 11 月 8 日，在众目睽睽之下公开了他的研究成果，表演了图像传真。这次表演的成功，宣告了传真电报的诞生。

爱德华·贝兰并不满足于自己已取得的初步成功，继续他在传真机方面的研究。1913 年，他制成了世界上第一部用于新闻采访的手提式传真机。1914 年，法国的一家报纸首次刊登了通过传真机传送的新闻照片。

爱德华·贝兰，1876 年 3 月 5 日出生于法国。他自幼聪慧敏捷，6 岁时便仿制了一个有活塞和传动杆的火车头，19 岁时因制造"秘密照相机"而引起了警方的兴趣。大约在他 50 岁时，他还来过中国，研究方块汉字的特点，并帮助建立北京至沈阳的传真通信。1963 年，他以 87 岁的高龄谢世。而他对于传真以至电视等新技术所作出的贡献，却永留人间。

广角镜

传真电报

传真电报是利用扫描技术，通过通信电路把固定图像从一个地点传送到另一地点，并以记录形式复制出来的一种通信方式。传真电报按复制件的状态可分为两种：只有黑色和白色（或其他深的和浅的两种颜色）的，称为真迹传真电报；黑白两色之间有中间色调或彩色的，称为相片传真电报。按照在线路上传输的信号不同可分为两类：在线路上传输模拟信号的模拟传真和在线路上传输数字信号的数字传真。

电话的历程

电话，已经走过 100 多年的路了。从贝尔开始，式样繁多、功能各异的电话机不断涌现，令人目不暇接。现在，就让我们来看一看 100 多年来电话所走过的历程吧！

◎ 带摇把的电话机

最古老的电话机要算是磁石电话机了。这种电话机在外观上的最显著特征是安有一个摇把。这个摇把连着电话机手摇发电机的轴，摇动它，手摇发电机就能发出强大的电流，使对方铃响或灯亮，以完成呼叫对方的任务。由于手摇发电机上有块永久磁铁，所以我们管这种电话机叫作磁石式电话机。磁石式电话机只能向与它固定连接的电话用户或人工交换台的话务员发出呼叫信号，而不能像现在大家经常使用的自动电话机那样，可以通过拨号或按键自由地选择通话用户。电话，顾名思义，是靠电来通话的，所以打电话时需要电源。磁石电话机的通话电源是自备的，一般是使用两节大号干电池。除此之外，通常称作"话筒"的送受话器和铃，则是任何电话机都必备的。

摇把式电话

磁石电话机要自备手摇发电机和干电池，显得十分笨重，而且有不能任凭自己选择通话用户的严重缺点，所以这种电话机在完成它的历史使命后正逐渐被淘汰。但是，也正因为它不依靠外界提供电源，在野战情况下以及在电力来源困难的厂矿、农村，它仍然在继续发挥着作用。

世界上第一个市内磁石电话交换所，是1878年1月28日在美国的康涅狄格州的纽好恩开通的，当时只有20个用户。

◎ 共电式电话机

大约是在1890年，一种既不用手摇发电机，又不用干电池的电话机出现了。它的电源是由电话局统一供给的，所以叫作共电式电话机。从磁石式电话机发展到共电式电话机，是一个重大的进步。共电式电话机不仅结构简化了，价格便宜了，而且使用起来也比较方便，拿起送受话器，便能进行呼叫。

欧洲第一个共电式电话交换机是1900年4月15日在布里斯托尔开通的，最初的容量为1800个用户。

◎ 装有拨号盘的电话机

早期的电话，只能是"一对一"地连接起来，也就是说，每一部电话机

通信的革命

拨号盘电话

只能与一个固定用户的电话机连接起来。显然，这在电话用户日益增多的情况下，是难以适应的。后来相继出现了磁石式电话交换机和共电式电话交换机，它们都属于人工电话交换机。在那里，话务员把两个需要建立通话的用户用塞绳连接起来。后来，随着技术的发展，又出现了能够自动选择通话对方的自动电话交换机。电话机也跟着从磁石式电话机和共电式电话机演变成为带拨号盘的自动电话机了。

1908年7月10日，第一个自动电话交换局在德国开通，拥有1200个用户。

拨号盘式电话机上的拨号盘是用来拨对方电话号码的。拨号时，带动电话机里的齿轮，齿轮的齿控制一个开关相应的动作，使电话电路中的电流跟着时断时续。譬如，拨"1"时，拨号盘带动齿轮旋转一个齿的位置，它控制开关，使电话电路中的电流切断一次；拨"5"时，拨号盘通过类似的运作，使电话电路中的电流切断五次，以此类推。这样一来，拨号盘所拨的电话号码就被电话机里的机械动作转换成为相应的断续电流，发送给装在电话局里的自动电话交换机，控制自动电话交换机动作，把主叫用户的电话机和被叫用户的电话机连接起来。

这就是拨号盘式电话机能自动选择对方用户的简单道理。"*"键又叫"暂停键"。当你与对方通电话时，如果有些话不想让对方听到，可按下这个键，

拓展阅读

程控电话交换机

程控电话交换机是计算机按预先编制的程序控制接续的自动电话交换机，全称存储程序控制电话交换机。程控电话交换机由硬件和软件组成：硬件包括话路部分、控制部分和输入输出部分；软件包括程序部分和数据部分。

这时可以停止向对方发送信号，而对方讲话的声音你依旧可以听到。应该说明，现在电话机型号很多，关于"#"键和"＊"键的功能也不完全一样，具体应用时还要以电话机说明书为准。

按键电话机与程控电话交换机相配合，还会带来以往电话机所没有的许多新功能。

◎ 能录音和放音的电话机

有时，当你给某人打电话时，几声铃声响过之后，便有一个亲切的应答音经受话器从对方传来："您好！我是录音电话机，现在主人外出，有事请留言。"这时，你便可以把要给对方讲的话"告诉"录音电话机。对方回到家中后，闪烁的红色指示灯便"告诉"他有人来过电话了。按下"放音"键，录在话机里的留言便会被复述一遍。

录音电话机是电话机和录音机的结合体。主人外出时，按下录音电话机上的指定按钮，当有人打来电话时，录音电话机便会自动放音，把主人事先录制好的"应答"传送给对方；然后，它自动由放音转为录音，把对方的"留言"记录下来。对方讲完话，录音机就自动关闭，准备接受下一个电话。

扬声的录音电话

◎ 能增音或扬声的电话机

有一种电话机，在它的受话电路里装了一个放大器，转动手柄上一个类似收音机音量调节器的旋钮，可以调节放大器的放大量，即调节电话机的受话音量。这种电话机主要用在环境嘈杂的地方，如工厂车间、车站、机杨等处。在与远郊的用户通话时，有时也要用它加大音量。

现在不少电话机有"免提"功能。也就是说，在你听到电话铃响时，可以不必像往常一样摘下送受话器，把它贴在耳朵边上听，而只要按下一个按钮，让对方的声音从装在电话机里的扬声器传出来。这样，我们在通电话时，

通信的革命

双手就不被占用，还可以让几个人同时听、同时讲，像开一个双边小型电话会议似的。

◎ 投币式电话机和磁卡电话机

在城市的大街小巷里，你经常可以看到写有"公用电话"的牌子。过去的公用电话亭里装的都是普通电话机，需要人专门看管、收费。这不仅在人力上不经济，而且在那些不便派人看管的地方（如公路旁或大街上），就无法安装这种公用电话了。

现在，一种投币式公用电话机已经在大中城市中普遍使用，它几乎可以安装在一切需要公用电话的地方。使用投币式公用电话机时，只要向电话机的投币口投入足够数量的硬币，在电话机的受话器里便会传出"嗡——"的拨号音，它告诉你：现在你可以使用电话了。在你拨通对方电话并开始通话时，电话机便开始计时；当允许的通话时间快到时，电话机就会向你发出警告音，提醒你：你投入的硬币快用完了。这时，你要么再追加投币数，要么尽快结束通话，否则时间一到，电话就会自动被切断。如果因为电话局的机线忙或对方用户没有空，你的电话暂时不能打通，你可挂机或按一下电话机上的一个按钮，电话机就会如数把钱退还给你。

> **趣味点击　磁卡电话**
> 磁卡电话是计算机技术和电话技术有机结合的一种高科技产物，是用磁卡控制通话并付费用的公用电话。

投币式公用电话机虽然较好地解决了无人值守、自动收费的问题，但美中不足的是，用户必须随身携带许多硬币。在那些用公用电话可以直拨国内、长途电话或国际长途电话的国家，由于打长途电话费用高，使用者不得不带上许多硬币，并且要一个个地把硬币投入电话机的投币口，十分麻烦。针对这个问题，一种不必支付现金的磁性卡片式公用电话机（简称磁卡电话机）应运而生了。

磁卡电话机的用户要事先购买一张磁卡。磁卡有不同的面值，各种面值的磁卡上所记录的允许通话的次数是不一样的。使用磁卡电话时，用户只须将磁卡插入电话机，电话电路就会被接通。随着通话的进行，记录在磁卡上的剩余通话次数就会逐渐减少，这可以从电话机显示器上一目了然。通话结束时，电话机便在磁卡上凿孔，标记出剩余通话次数，并将磁卡退回给用户。如果在通话的过程中，卡片上标记的剩余通话次数快要用完了，磁卡电话机会提前10秒钟送出催促音，同时"剩余次数显示窗口"的数字还会一闪一闪地，以提醒用户赶紧结束通话，否则10秒钟后，电话就会"毫不留情"地被切断。

磁卡电话机已在我国的一些城市的邮电局、宾馆、机场以及街头广泛使用。今后，它还有可能与信用卡等合为一体，成为一种既能打电话，又能支付现款，甚至开房门的万能卡片。

◎ 无绳电话机

现在我们常用的电话机，在送受话器（俗称话筒）与底座之间都有一根线连着，接电话和往外打电话时都要到放置电话机的地方去。这不能不说是一种束缚。

无绳电话机能使你摆脱这种束缚。它的最大特点是，电话机底座和带拨号盘或键盘的送受话器是彼此分离的。它们之间没有电线连着，因此，我们可以带着送受话器在室内，甚至在院子里随意走动，就地接电话、打电话。没有送受话器和电话机底座之间的连线，信号是怎样传递的呢？

原来，有形的连线取消了，代之以一条无形的"连线"，那就是无线电波。在无绳电话机的底座和送受话器中，除了有与普通电话机相同的一些部件外，各增加了一个小型的"无线电收发信机"和"信号转换装置"。你在室内的任何位置都可以就地拨号，送受话器中的"信号转换装置"会把这个拨号信号转变为适合于无线电传输的超短波发送出去，然后被固定安装在桌子上或墙上的话机底座（又称"接续装置"）所接收。在那里，它被"信号转换装置"还原成原来的信号，经电话线传送给电话局。声音的传送也须经过上述变换过程。之所以要来回"变"，是因为普通电话线里传送的信号不能直接用来进行无线电发送。

除了无线电波可以为能任意移动的送受话器和电话底座搭"桥"外，光波也能承担此项任务。所不同的是，这时原"信号转换装置"要换成"电光变换器"，"无线电收发信机"要换成"光信号收发信机"。常用的光波

通信的革命

是红外线。这种靠红外线接续的无绳电话机称为红外无绳电话机。

◎ 从书写电话机到写画电话机

20世纪70年代，市面上出现了一种叫书写电话机的设备。顾名思义，它是一种既可以通话，又能够传递手写文字的电话机。

书写电话机使用起来很方便，只要拨通电话，就可以一边与对方讲话，一边把一些需要图或文字表达的内容写（或画）给对方看。书写笔是一种特殊的圆珠笔，当笔尖接触书写板时，笔杆内的一个小开关便闭合，使电路接通，给对方的"书写信号收发信机"送去一个"下笔"信号，让它做好记录的准备。当书写笔在书写板上写字或画图时，书写笔在纸上的位置可被转换成相应的纵坐标频率和横坐标频率，这两个频率的信号传到对方后，分别控制使记录笔运动的纵轴伺服电机和横轴伺服电机动作，让记录笔做与书写笔一样的动作，从而记录对方发送的书写信息。

当受话人不在时，这种电话机也能自动启动，以记录对方的留言，起值班秘书的作用。书写电话机只须用一对普通的电话线，所以是一种十分经济的通信手段。

近年来，我们在电信展览会上经常可以看到一种比书写电话机小巧的写画电话机。它与书写电话机一样，也可以边讲话，边写画，向对方传递书写信息。所不同的是，写画电话机的写画信息是通过"写画板"输入的，"写画板"的主体是对压力敏感的"感压橡胶板"，而不是机械装置。在收信一方，信息是用屏幕显示器显示出来的，写画信息的传输也是只用一对电话线。它把电话电路分成两半，一半用来传话音信号，另一半用来传写画信号。

◎ 电视电话机

电话能把人的声音传送到千里之外，但美中不足的是，双方缺少表情上的交流。而电视电话的出现，使人们在彼此通话之际，还能从小的屏幕上看到对方头部的影像，闻声见影，如同面对面交谈一样。如果说，电话是现代的"顺风耳"，那么，电视电话既是"顺风耳"，又是"千里眼"了。

电视电话在"说"和"听"的功能上与普通电话没有什么两样，它的独到之处是有"看"的功能（或称"可视功能"）。那么，我们是怎样通过电视电话看见对方的呢？原来，组成电视电话机的，除了一部普通电话机之外，还有一个图像的发送和接收部分。图像发送部分是通过一个暗藏的摄像机，把己方的影像摄取下来，并发送到线路上去；图像接收部分基本上就是一个小型的电视接收机，它能把对方传送过来的影像显示出来。除此之外，还有控制部分、电源等。电视电话不仅可以传送人的影像，还可以把一些用语言难以表达的图纸或实物的形象传送给对方。例如，当对方向你打听某人住处的地理位置时，你便可以画个简图传给他，使对方一目了然。

  电视电话既要传声音，又要传影像，一对电话线路就难以胜任了。一般需要三对线，一对传声音，两对传图像（一发一收）。

  电视电话虽然好，但目前还很难普及，这主要是由于经济上的原因。因为，电视电话机价格要比普通电话机昂贵得多，而且由于它要传送活动的影像，需要很宽的频带（相当于1000条电话电路），因而线路投资也很高。近年来，由于拥有丰富频率资源的光通信技术发展很快，而且光纤的价格又大幅度下降，这使电视电话的普及出现了柳暗花明的前景。

无线电波家族

◎ 不同波长的无线电波

  我们已经知道，无线电波是电磁波的一种，人们用它携带着各种信息在空间以波动的形式传播。所有电磁波在真空中的传播速度都一样，都是30万千米/秒。电磁波的特征用频率、波长来表示。频率是指电磁波在一秒钟内波动的次数，单位为"赫"；波长则是指电磁波波动一次在空间传播的距离。容易知道，频率等于速度除以波长。于是波长越长，频率越低。用于通信的无线电波根据波长和频率，可分为超长波、长波、中波、短波、超短波、微波等波段（也称频段）。各个波段的无线电波组成了一个无线电波家族，它们为人类通信做出了各自的贡献。

通信的革命

◎ 超长波：水下通信显身手

一般无线电波，在空中可以远走千里，到了水下却寸步难行。试验表明，无线电波在海水中的衰减是很大的，而且频率越高，衰减就越大。由此可见，海底通信用的无线电波频率越低越好，也就是说波长越长越好。超长波，也称超低频，频率范围是30～300赫，它是无线电波中波长很长的一种电磁波，特别适用于水下通信。活动于海面下的潜水艇，选用的通信频率就为55赫左右。但超长波的发射天线极其复杂庞大，而且由于频率太低，超长波的容量极为有限。核爆炸时会产生出超长波，所以用超长波天线能够测出在何处进行了核爆炸试验。

◎ 长波：老资格的信息载体

长波也称低频，是人们最早使用的通信波段，它已为人类服务了近100年。近年来，由于其他波段的通信方法日益成熟，长波通信逐渐被淘汰。然而，许多国家仍然保留着长波通信，因为任何通信系统都有可能出故障或受到意想不到的干扰。只有多样化的通信网，才能保证无论在平时还是在战时信息传输都畅通无阻。

现在许多国家还设有长波导航台，导航台的任务是在各种复杂的条件下，引导舰船和飞机按预定线路航行。著名的长波导航系统——罗兰导航系统，现在仍在被广泛地使用。

长波通信的另一个重要应用是报时，我国也设有长波报时台。

◎ 中波：大众媒介的信息渠道

中波的频率范围在300～3000千赫，这是人们熟悉的波段。国际电信联盟规定526.5～1605.2千赫专供无线电广播用，我们平时就是在这个波段收听中央人民广播电台和本地广播电台的节目。

从理论上说，不同的电台使用的广播频率至少应相隔20千赫。全世界有众多的中波广播电台，我国每个省的大、中城市都有中波广播电台，有的城市还有多个中波广播电台，所以中波波段似乎远远不能满足需要。好在白天中沿地面只能传输几百千米，再远就收不到了，所以不同城市的中波广播电台即使频率重复也可相安无事。然而在夜里，中波就可以传得较远，所以在夜间收听中波广播，时常会出现串台现象。

中波波段中的高频端（2000～3000千赫），专供近距离无线电话使用。

◎ 短波：欢跳着奔向远方

约在地面50千米上空，有一电离层，它是太阳辐射的产物。这一高度的大气层，由于其中的气体分子受到太阳辐射出来的紫外线照射后，产生了大量自由电子和离子，这个过程称为"电离"，故有"电离层"之称。

知识小链接

自由电子

自由电子，即离域电子，在化学中是指在分子中与某个特定原子或共价键无关的电子，主要是金属导体中的自由电荷。不仅金属导体中的自由电荷，半导体中的自由电荷及绝缘体中的微量自由电荷都属于自由电子。

电离层对中波或长波十分"热情"，"来者不拒"，请它们统统留下，而对短波却毫不客气，将它们"拒之门外"，于是短波被反射回地面。短波被反射回地面后，又被地面反射回空中。这样，短波就在地面与电离层之间来回跳跃，沿着地球弯曲的表面，把信息传到遥远的地方。短波广播能远距离传送，就是这个道理。

短波通信的特点是设备简单，灵活机动，发射功率无须很大，却能传到很远的地方。它的主要不足之处在于通信不够稳定，原因是电离层经常变化，还有太阳黑子、磁暴等的干扰。

趣味点击　太阳黑子

太阳黑子是指在太阳的光球层上发生的一种太阳活动，是太阳活动中最基本、最明显的。一般认为，太阳黑子实际上是太阳表面一种炽热气体的巨大旋涡，温度大约为4500摄氏度。

通信的革命

◎ 超短波：电视的信使

超短波波长在1～10米，故又称为米波，由于频率较高，所以通信容量较大，可以传输大容量的电视信号。我国最初确定的12个电视频道在48.5～92兆赫和167～223兆赫，每个频道带宽8兆赫。超短波除了用来传送电视信号之外，还有一部分用于高质量的调频广播。调频广播比普通中波广播抗干扰能力要强得多，雷电、电火花等均对其不产生影响，因此，音质特别好。

◎ 微波：从接力通信到卫星通信

微波频率很高，波长仅在1毫米～1米，它不像中波那样能够沿地面绕过一定的障碍物传送，而只能向空中直线传播。由于地球是圆的，它的传送范围就很有限。如要让它传得较远，就必须隔一定距离就设一个中转站，一站一站地往前传，这称为接力通信。自从地球同步卫星试验成功后，微波通信得到了极广泛的应用。微波可以不受阻挡地穿越电离层，到达同步卫星，再通过同步卫星中转，便可以把信息传遍全世界。

◎ 无线电广播从开始到发展

1900年，美籍加拿大人费森登教授在马可尼、波波夫发明无线电报的启发下，萌发了用无线电波广泛传送人的声音和音乐的念头。他在西方金融家的支持下，于1906年圣诞节前夕，在纽约附近设立了世界上第一个广播站。在开播那天，播送了两段讲话、一支歌曲和一支小提琴独奏曲。这个小广播站只有1000瓦功率，但它所广播的讲话和乐曲却清晰地被陆地和海上拥有无线电接收机的人听到。这便是历史上第一次无线电广播。

就在同一年，美国物理学家福莱斯特发明了真空三极管，并于次年获得专利。这是无线电技术的一次重大突破。

两年后，福来斯特又在巴黎埃菲尔铁塔上进行了一次广播，被那个地区的所有军事电台和马赛的一位工程师收到。

真正的广播事业是从1920年开始的。那年6月15日，马可尼公司在英国举办了一次音乐会，音乐会的乐声通过无线电波传遍英国本土，以至法国巴黎、意大利和希腊，为那里的无线电接收机所接收。同年，前苏联、德国、美国也都进行了首次无线电广播，特别是美国威斯汀豪斯公司的 KDKA 广播站于 11 月 2 日首播，因播送的内容是有关总统选举的，曾经引起一时的轰动。

广播很快便发展成为一种重要的信息媒体而受到各国的重视。特别是在第二次世界大战中，它成为各国军械库中的一种新式"武器"而发挥了十分重要的作用。

无线电广播的过程是：先在播音室把播音员说话的声音或演员歌唱的声音，变成相应的电信号。这种音频电信号由于频率低，不可能直接由天线发射出去，也不可能传得很远，因此，还得采用一种叫作调制的技术，把音频电信号转换到一个较高的频段，然后通过发射天线，以无线电波的形式发送到空间。如果你的收音机正好调谐到这个电台发送的频率上，这个电台的电波就会被你的收音机接收。然后，通过一个叫检波的过程，检出广播信号所携带的音频信号，再经过放大等一系列处理，我们便可以从喇叭里听到广播电台所播放的声音了。

我们以往收听到的广播，不管是中波还是短波，大都是调幅广播。这种广播，经调制后的信号的幅度是随音频信号的大小变化的。调幅广播由于使用的无线电频段比较窄，能够通过它再现的最高频率只有五六千赫，所以听起来高音不丰富，音色也不太好。后来，出现了一种调制信号的频率（而不是幅度）是随音频信号大小变化的调频广播，它的频带比调幅广播的宽，所以再现的声音高频丰富，逼真。此外，调频广播比调幅广播的杂音也小。

20 世纪 60 年代，一种更富有真实感的调频立体声广播开始发展起来。这种广播放出来的音乐声给人们以方向感和空间感，就像坐在剧场里欣赏音乐节目一样，有身临其境的感觉。

现在，欧洲正在进行一项数字广播电台的计划，其他国家也有相类似的举措。数字广播被认为是自发明晶体管以来，无线电技术领域中最重要的事情。数字广播电台所播出的声音可与激光唱片匹敌，且没有杂音和干扰。此外，由于数字广播每个电台所占用的频带非常窄，因而在同样的可利用频段中，它所能容纳的电台数量就多。

通信的革命

> **知识小链接**
>
> **晶体管**
>
> 　　晶体管是一种固体半导体器件，可以用于检波、整流、放大、开关、稳压、信号调制和许多其他功能。

　　可以预见，随着数字广播电台的开播，数字收音机也将走俏于市场。

◎ 一个意外的发现

　　短波可以用来进行远距离通信的这一现象的发现，应归功于无线电业余爱好者。

　　1901年，无线电报发明家马可尼在进行跨越大西洋的电报通信时，用的是长波。因为当时人们已经知道，无线电波的波长越长，在传播过程中被海洋和大地吸收得就越少，传播的距离也就越远。由此推理，短波是不适合于作远距离通信的，因而也就没有多大的应用价值。

　　可是，一次意外的事故，却使人们改变了上述结论。有一次，意大利罗马城郊发生了大火，当地的一个无线电爱好者用短波无线电台发出了求援信号。原指望附近地区的消防队能闻讯赶来。但谁也没有料到，这个求援信息竟被远在千里的哥本哈根收到了。这个在当时被认为是十分荒唐、离奇的消息，却被证明是千真万确的事实。

　　后来，科学家们经过精心研究，终于揭开了这个谜。原来，千里之外收到的无线电波不是沿地球表面传过去的，而是通过高空电离层与地面之间的多次反射才传到远处的，这就像是三级跳远一样。

　　反射短波的电离层位于离地球表面200~400千米的高空。电离层在反射无线电波的时候，也要吸收它的一部分能量，频率越低，吸收得就越多，所以，远距离无线电通信通常选用频率高一些的短波。电离层反射短波的秘密揭开后，随之出现了一些有效的短波通信设备，短波通信便一跃成为远距离传递信息的能手，国际通信的重要手段。

　　大家知道，无线电波是一个"大家族"，超长波、长波、中波、短波、超短波和微波，都是这个家族的成员。波长是与频率成反比的，电波的波长越长，它的频率也就越低。短波是波长在 10～100 米，频率从 3 兆赫到 30 兆赫的无线电波。

短波通信的通信距离远，设备便宜，使用起来灵活、方便，因此它多年来一直在国际广播、飞机、船舶等移动物体之间的通信、军队通信以及人口稀少地区通信中发挥积极作用。我国在 1984—1985 年组织的首次南极考察中，就是靠短波无线电联系北京与南极长城站的。

电离层既给短波的传播创造了得天独厚的条件，同时也带给它致命的弱点。由于电离层易受昼夜、季节和太阳活动等的影响，短波通信在稳定性、可靠性方面都比较差。

近年来，科学家们从研究电离层变化规律入手，提出了所谓的"自适应技术"，从短波容易被截获、窃听和干扰考虑，提出了电子对抗措施，从而使短波通信的一些固有缺点得到了很大程度的克服。另外，人们发现，曾

广角镜

电离层

电离层是地球大气的一个电离区域。也有人把整个电离的大气称为电离层，这样就把磁层也看作是电离层的一部分。

经一度认为可以取代短波通信的卫星通信，却存在着技术复杂、设备庞大、机动性差以及卫星易被摧毁等不利于在未来战争中应用的弱点，因而再度移情于短波通信。这就是短波通信一波三折，东山再起的背景。

◎ 国际电信联盟

看过电影《尼罗河上的惨案》的人都知道，一位名叫波洛的大侦探在一条行驶在尼罗河中的游船上侦查一个案件，当侦查工作进行到关键时刻，凶手感到自己即将暴露，于是铤而走险，孤注一掷，企图害死这位侦探。凶手设法在波洛的舱房里放进了一条剧毒的眼镜蛇。当回到自己房间时，波洛突然发现一条眼镜蛇正龇牙咧嘴地瞪着他，伸吐着尖舌向他步步逼近。波洛吓了一大跳，进退两难。正在这危急关头，他急中生智，在墙上轻轻地敲了几下。在隔壁的雷斯上校及时持剑而入，刺死了眼镜蛇，解救了波洛。

雷斯上校怎么会知道波洛遇到了危险呢？原来波洛在墙上敲出的声音是

通信的革命

英文 SOS 的电码信号。那么，什么是 SOS 呢？为什么雷斯上校一听到 SOS 的信号就知道波洛在呼救呢？SOS 是 1906 年世界无线电管理大会上一致通过的国际统一的遇险呼救信号。无论何时何处，凡遇到危险、灾难，只要用莫尔斯电码拍发 SOS 这三个字母，收到这个信号的人就会立刻奔赴发报地点，奋力救援。为什么要选用这几个字母来代表求救信号呢？有人说它是英文"救命"（save our souls）的第一个字母缩写。其实并非如此。了解一下莫尔斯电报编码就一清二楚了。原来这三个字母用莫尔斯电码拍发时是三短三长三短，写出来就是三点三画三点（···－－－···）。这样，一是好记；二是有节奏，在紧急情况下拍发比较容易；三是可以连续拍发，容易引起人们警觉。所以人们才把它作为国际遇险呼救信号。

无线电通信在全球范围内的迅速普及，使国与国之间的通信易如反掌。然而各国的无线电通信系统不一致，结果引起了许多不必要的麻烦，甚至发生过这样的事：某国王子访美结束后，及时给美国总统发了感谢电报，然而对方却毫无反应，又一连发了数遍还是不起作用。原来两国通信系统不同，发出的电报对方根本没有收到。

此外，由于无线电技术的迅猛发展，可用的无线电通信频率被大量占用，通信频道变得越来越拥挤，各电台之间经常发生干扰，影响了各国通信工作的正常进行。这些问题和上述 SOS 的例子从正反两方面说明了国际通信需要一个统一的技术标准，需要一个统一的组织来进行管理和协调。

在这种背景下，1934 年，国际电信联盟正式宣告成立。1947 年，它成为联合国的专门机构之一，其任务是组织会员国研究国际通信的技术问题，协调各会员国电信管理部门的行动，扩大国际电信合作，以改进和提高国际通信的质量和效果，总部设在瑞士的日内瓦。国际电信联盟制订了国际无线电规则，并对各国使用的无线电频率进行登记。

人们都以无边无际来形容广阔空旷的天空。其实，对于无线电波来说，天空不但不空，而且还相当拥挤。现代社会，众多的广播电台和电视台以及通信卫星，再加上各类短波和微波通信设备，它们每时每刻都在向空中发射着各种不同频率的电波。就是靠这些无线电波，相隔遥远的各个国家才连在一起，构成了国际通信。整个天空中充满了各种不同频率的无线电波，就好像一条繁华的大街上挤满了汽车、电车、自行车和步行的人群一样，熙熙攘攘，热闹非凡。

　　这么多无线电波同时在空中传播，为了不产生互相碰撞和干扰，需要把现有的无线电频率分成不同的频段。什么是频段呢？频段就是一定的频率范围。例如，我们使用的收音机，有的可收中波，有的可收中波、短波，还有调频。人们购置收音机时，总是先要弄清楚它能收几个波段，这个波段就相当于我们所说的频段。按照国际无线电规则规定，现有的无线电通信共分成航空通信、航海通信、陆地通信、卫星通信、广播、电视、无线电导航、定位以及遥测、遥控、空间探索等 50 多种不同的业务，并对每种业务都规定了一定的频段。例如，中波广播频段就是从 526.2 千赫到 1605.2 千赫。其他各种业务也都有自己的频段。除此以外，在每个频段里工作的无线电台又都有各自的频率，例如，540 千赫就是在中波广播频段中指配给中央人民广播电台的专用频率。每个电台只能在规定的频段中使用自己的专用频率，不能乱用，否则就会互相混淆，造成干扰。就像快、慢车道和人行道上的车辆和行人一样，各行各的车，各走各的路。因而互不碰撞，互不干扰。

　　国际无线电通信中的频段划分、使用和协调以及有关技术标准的研究和制订，都由国际电信联盟的常设机构——国际频率登记委员会来负责。人们称国际电信联盟为无线电通信的空中协调指挥官。

> **你知道吗**
>
> **卫星通信**
>
> 卫星通信，简单地说就是地球上（包括地面和低层大气中）的无线电通信站间利用卫星作为中继而进行的通信。卫星通信系统由卫星和地球站两部分组成。

　　国际频率登记委员会的主要任务是将各国使用的无线电频率加以登记，然后形成"国际频率登记总表"，根据这张总表和国际无线电规则来确定哪些国家适合使用哪些频率。如果有国家违反这些规定，对其他国家电台广播通信造成了有害的干扰，国际频率登记委员会便根据一定的程序加以协调处理。

　　近年来，由国际电信联盟主持召开了世界水上无线电大会、世界卫星广播大会、世界航空通信大会、全面修改国际无线电规则的无线电管理大会等会议，制订了各种无线电技术标准和频率分配方案，以适应不断发展的现代

通信的革命

无线电通信的需要。

程控电话的应用

自动电话交换技术的发展，经历了步进制电话交换机、纵横制电话交换机、程控数字电话交换机等几个重大的转折点。下面回顾一下自动电话交换技术的发展史。

1889年，美国人史端乔发明了一种自动电话交换系统，使得人工电话局中的话务员"失业"了。

据说，史端乔原来是美国堪萨斯城一家殡仪馆的老板，专门承办丧葬业务。他发现每当有人去世，用户打电话给他的殡仪馆时，人工电话局的话务员总是有意无意地把电话接到另一家殡仪馆里，使他丢掉了许多生意。十分光火的史端乔决心发明一种不要话务员人工接续的电话交换机。他成功了。1892年，使用他发明的称为选择器的设备而制成的第一部自动电话机，在美国印第安纳州拉波特城安装使用，这种交换机也就以史端乔的名字命名了。史端乔发明的自动电话机，是靠用户拨一位又一位的电话号码，直接控制交换机中的选择器一步一步动作，最终把主叫用户和被叫用户的电话机接通的。因此，它被称为步进制自动电话交换机。

在自动交换技术发展过程中，两位瑞典人帕尔姆格伦和贝塔兰德树起了又一座丰碑。1919年，他们发明的纵横制自动电话交换机取得了专利。

纵横制电话交换机由话路接续设备和公共控制设备两部分组成。话路接续设备的作用，类似于前面介绍过的人工电话交换机中的塞绳，完成通话接续和信号接续的任务。纵横制自动电话交换机中的话路接续设备叫纵横接线器，它利用了数学中的纵横坐标原理，当把本来断开的2号纵线和3号横线交叉点M闭合时，接在2号纵线和3号横线两端的两部电话机就接通了。至于公共控制设备，它主要完成人工电话交换机中话务员承担的工作，包括发现有用户在打电话，记住用户拨的电话号码，控制接线器接通主叫用户和被叫用户的话机以及在通话完毕后拆线等。公共控制设备的核心部件是记发器和标志器。具体工作过程如下：主叫用户拿起送受话器时，公共控制设备立即发现该用户要打电话；随着主叫用户拨号，记发器收下并记住了被叫用户的电话号码，转发给标志器；标志器控制话路接续设备相应交叉点的接点闭合，将主叫用户和被叫用户接通；接通被叫用户后，交换机还将向被叫用户发出振铃信号（同时向主叫用户发振铃回音信号，就是在拨完电话号码后听到的那种"嘟——嘟——"的断续音）；通话完后，再使纵横接线器的接点断开，也就是拆线。通过以上介绍，可以看到，公共控制设备的"智商"还真不低，模仿话务员工作可以称得上惟妙惟肖呢！

在纵横制自动交换机中，纵横接线器的交叉接点是由贵金属制成的，靠电磁铁控制实现纵横交叉接点的闭合；公开控制设备中的记发器和标志器等也都是由电磁元件（电磁继电器）制成的。和人工接续相比，电磁元件的工作速度当然是快多了。

知识小链接

电磁继电器

电磁继电器是一种电子控制器件。它具有控制系统（又称输入回路）和被控制系统（又称输出回路），通常应用于自动控制电路中。它实际上是用较小的电流和较低的电压去控制较大电流和较高的电压的一种"自动开关"。故在电路中起着自动调节、安全保护、转换电路等作用。

随着电子技术，特别是电子计算机技术的发展，利用电子计算机作为公共控制设备，对数字话音信号进行控制的自动交换设备——程控数字电话交换机于1970年问世了。程控数字电话交换机的诞生，使电话机进入了一个全新的时代，标志着当代交换技术的发展方向。有心的读者会问，这种交换机为什么叫程控数字电话交换机呢？下面就来简单谈谈这个问题。

大家知道，电话是利用送话器把人的讲话声变换成话音电流在电话线中传送，经过交换机的接续，在被叫用户的电话机受话器中话音电流再还原成讲话声的。人的讲话声是连续变化的声波，经送话器进行声电变换后，产生的电信号是连续变化的模拟话音信号，在电话线路中传送的和通过一般交换机的电信号也都是连续变化的。而对程控数字电话交换机来说，通过它交换接续的是数字话音信号。数字信号完全不同于模拟信号，它的特点是大小被

通信的革命

限制在几个数值之内，不是连续的而是离散了的。例如，它可以是由一系列有电流和无电流组成的间断的信号；有电流相当于二进制数中的"1"，无电流相当于二进制数中的"0"。电报通信中应用的莫尔斯电码，实质上就是数字信号。

为什么说程控数字电话交换机的出现，使电话交换进入了一个全新的时代？这是因为程控数字电话交换机具有一系列其他交换机无法相比的优点。

第一个优点，在程控数字电话交换机中，话路接续设备采用了大规模集成电路，设备体积小，重量轻，大大节省了交换机房的面积，如一万门电话的程控数字电话交换机只有几十个机架，而同样容量的纵横制交换机要有几百个机架。同时，程控数字电话交换机由于甩掉了继电器和纵横接线器，还节省了大量有色金属和黑色金属。

第二个优点，是程控数字电话交换机中所有的电话接续中所完成的步骤，都是由计算机软件（程序和数据）控制的，通过设计程序、修改数据，就可以灵活地扩充交换机的功能，而不像人工交换机或步进制、纵横制交换机那样，交换机制造好后功能就很难改变了。程控电话的一些新业务，如缩位编号、热线服务等，都是靠灵活多样的计算机程序控制实现的。一直难以解决的电话计费问题，在程控数字电话交换机中也迎刃而解了。程控数字电话交换机中的计算机，能记住用户每次通话的起止时间，并按一定费率计算出通话费用，自动打印单据，作为向用户收费的依据。

第三个优点，或许是程控数字电话交换机最富有生命力的优点，是它和光纤通信系统以及微波通信系统、移动通信系统、卫星通信系统等结合，不仅可向用户传送高质量的话音，而且可提供电报、数据、传真等非话业务（电话之外的通信业务），逐步向综合业务数字通信网过渡。

电传打字电报机

研制电传打字电报机的先驱克里德（1871—1957），出生在加拿大诺瓦斯科夏的坎索附近。坎索的出名，是因为横跨大西洋的海底电缆最终通到那儿。克里德年轻时是那儿的一个报务员。他年轻时操作的机器，是用三个穿孔杆将莫尔斯电码打在一条纸带上：一个打点，一个打短横，一个打空。在纸带上凿孔是用锤子敲打穿孔杆。对克里德来说，这是一种相当费力的工作。他决心简化这个工序。

克里德于 1897 年旅行到格拉斯哥并为《格拉斯哥先驱报》工作时，他在用 5 先令租来的一间小屋里成功研制了第一台电传打字电报机。他是在索奇霍尔街用 15 先令买来一台巴洛克打字机，在其上进行实验后研制成功的。克里德把这台打字机看作吉祥之物，毕生珍惜。

克里德设计第一台机器，旨在缩短将字母编成莫尔斯电码并将电码打

电传打字电报机

在纸带上的过程；操作人员一按打字机的键，机器就对字母进行自动编码。英国邮局在 1902 年买了 12 台这种仪器。但是在此后的 20 年左右，他很难说服人们接受他的发明，其原因大概是它虽然比现在的机器快，可是它的引进会使许多使用旧机器的熟练工人失业。

在 20 世纪 20 年代初期，一直在独立地研究电传打字电报机的美国莫克鲁姆公司，终于制造出了一台机器。与此同时，德国的西门子-哈尔斯克公司也研制出了一台电传打字电报机。这两种机器都采用一种基于五单位二进制码排列的新系统；五单位二进制码排列是鲍多特和一个新西兰农民默里研究成功的。五个键排成一行，垂直地横跨于纸带之上，可使所有的五个键或任何一个键在纸带上作记号。例如，如果第一、第四和第五个键在纸带上作记号，便构成字母 B 的编码。当这一行符号通过发射机的头部时，发射机便向接收机发出适当的电脉冲，然后由接收机将字母解码并印出来。这种电码至今还在使用。

通信的革命

无形的信箱

现在，我国大中城市的电话普及率已经很高，无线移动电话也已不是什么新鲜的事儿了。人们已充分认识到电话给工作和生活带来的莫大方便。但是，不知你想过没有，电话对于发话人和受话人来说，哪一个更方便？

让我们来看一些统计数字。

一个人每天收到的电话中不重要的比例平均占 2/3，即使是重要的电话，其中平均有 75% 是不要求立即答复的，或者根本不需要很快答复的。有 30% 的电话是在受话人正在进行其他工作而不便于接电话时打来的。而且，有一半以上的电话不可能一次就找到受话人。所以，常常有这样的情况：你正在办公室聚精会神地工作，突然电话铃响了，你只得接电话（因为在我们的社会生活中，电话有着无可争辩的优先权），但对方要找的人不是你，而是你的一位同事，于是你只能放下手中的工作去叫人，如找不着还要向对方解释。有时打来的电话是找你的，然而只是朋友间互相聊聊，问候一下而已，或者是通知你明天去办什么事。一天中如有十几个这样的电话，那么你的工作肯定会受到很大的影响。

由此可见，虽然从信息交流的角度讲，电话对发话人和受话人都有方便；但从统计的角度看，电话对发话人更方便些，对受话人来说，有时还会造成麻烦。人们往往因受各种不必要电话的干扰而妨碍正常工作。难怪有些生意繁忙的经理也很少随身携带移动电话，为的就是不愿被各种各样的不必要的电话缠住。

相比于电话，寄信似乎是一种落后的通信方式。寄信首先要写信，把要

无形的信箱

说的话组织成文章写下来，装入信封，写上邮政编码和收信人地址、姓名，然后去邮局买邮票贴上，投进邮箱，经过邮电局的处理，最后由邮递员把信件投入收信人的信箱，收信人开启信箱，取出信件阅读。这一过程，少则一天，多则好几天。但是同电话可能会给受话人带来的麻烦相比，寄信有一个优越性：它可以让收信人在他认为方便的时候收到信，然后从容地予以答复或不予答复。

能不能把寄信的这个优点与电话的方便、快捷结合起来呢？能！这就是近年出现的，而且正受到越来越多的人青睐的语音信箱。语音信箱的使用十分方便，只须知道某人的语音信箱号码，就可以通过电话将语言信息"投入"他的信箱中。此人随时可通过电话，得知人们留在他的语音信箱中的话语。有了语音信箱，不必要电话带来的烦恼就能避免，人们可以在每天的一个固定时间，例如中午或晚上，开启"语音信箱"，集中处理各种信息，从而大大地提高工作效率。

拓展阅读

语音信箱

语音信箱业务是电信部门向用户提供存储、转发和提取语音信息的服务项目。它比使用录音电话更为经济和方便，并且保证使用者随时随地都能畅通无阻地拨通信箱。语音信箱是必须与呼叫转移和短消息配合使用的。因为呼叫转移可把来电转移到您的语音信箱，而短消息将通知您语音信箱内有新留言。在使用语音信箱业务之前请确认您的手机已开通"呼叫转移"和"短消息接收"两项功能。

世界上第一只语音信箱于1988年问世，发展极其迅速。1993年，我国上海首先向用户开放语音信箱业务后，北京、广州等地也相继开设了语音信箱。现在，语音信箱已经扩展到越来越多的城市和地区。

语音信箱的作用原理是：通过电话机、电话线路和电话局的自动交换系统及语音自动处理系统用录音的方式将发信人的声音语言信息记录下来（这如同发信人使用笔和纸将信息以文字的形式记录下来，并投入邮箱），再在收信人认为必要的时候通过电话机、电话线路和电话局的自动交换系统将保存在语音自动处理系统中的声音语言信息重放出去，传递给收信人（这与收信人开启信箱取出信件进行阅读相仿）。所有语音信箱全部集中设在电话局内的语音自动处理系统之中。它既不占用户的任何地方，又能帮助用户以最简便的方式在最合适的时候接收外界传给他的信息。

要想有自己的语音信箱十分方便，只需向电话局申请租用，取得相应的语音信箱号码和密码即可。语音信箱的号码是公开的，你可以把它告诉所有的亲朋好友和同事同学。密码相当于开信箱的钥匙，只有知道密码才能"开启"语音信箱，故只能你自己掌握，这个钥匙不仅不会遗失，而且可以在必要时予以更改。所有知道你语音信箱号码的人可以在任何地方、任何时候通过电话输入密码，"开启"你的语音信箱，听取存在信箱中的各方留言。你还可以在某人的"信函"上加上自己的意见投入其他人的语音信箱。

语音信箱是一位全天候的电话秘书，它可以同信多投，即一次录入的话语，自动交换系统可根据用户的需要投入多个人的语音信箱之中。一位公司经理可以通过语音信箱一次向分散在各处的下属布置任务，还可以在一个时间开启语音信箱，一起处理下属留在语音信箱中的工作汇报。

语音信箱还是一位全方位的业务员，企业的语音信箱可以在发信人使用它时播出一段问候语，然后播放一段电话广告，介绍本企业的产品，发信人（顾客）也能留下自己的各种要求。

此外，人们接打语音信箱电话极少会出现占线状况，它的接通率大大高于普通电话。语音信箱还可以采用不同的软件和组件构成声讯服务系统，如众所周知的168声讯服务系统及电话银行等，可以预期，语音信息将成为现代社会受欢迎的通信方式之一。

电信时代影响巨大的发明——三极管

一位获诺贝尔物理学奖的美国科学家评价说，在电子管的发明中，特别是三极管的发明"具有空前的最大的发明那样的影响"。

在1858年8月5日，英国和美国第一次通过大西洋海底电缆通信的时候，美国总统的包含150个字的祝词竟用了30个小时才发完。那时没有三极管放大电路，而现在可以用7秒钟的时间发送完大英百科全书的全部内容。若没有三极管的发明，我们信息化社会的到来就会大大推迟。

虽然今天电子管已经基本淘汰，连分立的晶体管也逐渐被集成电路所代替；但是，了解电子管的发明史对我们现在还是有一定的意义的。

说起电子管的发明，开始只是"发明大王"爱迪生的一次偶然所为。1877年，爱迪生发明了碳丝灯泡后，发现点燃一定时间后，灯泡上对着灯丝的地方，常常发黑，这是灯丝蒸发的原因。于是，爱迪生在灯丝的周围放上了一块金属板，没想到，在金属板上产生了电流，这是灯丝由于受热，在真空中发射出的电子，爱迪生不明白这是怎么回事，他没有意识到他制出了世界上第一支电子管，他发表了这个发现，后来人们将其叫作"爱迪生效应"。

三极管

知识小链接

爱迪生

爱迪生（1847—1931），美国发明家、企业家，拥有众多重要的发明专利，被传媒授予"门洛帕克的奇才"称号。他是世界上第一个利用大量生产原则和工业研究实验室来生产发明物的人。他拥有2000余项发明，包括对世界影响极大的留声机、电影摄影机和钨丝灯泡等。

到了1904年，英国的弗莱明对这种现象发生了兴趣。他工作在著名的卡文迪许实验室，电学造诣极深，他认为这是一种热电子流。1895年，弗莱明受聘在马可尼无线电公司做顾问，在改进检波器的时候，他利用这种现象发明了二极管。当时正是无线电通信发展的时代，二极管具有单向导电性，用于无线电的检波，提高了其效率。

1906年，德福雷斯特在一次偶然的事件中发明了三极管，三极管是在阴极和阳极的中间放上一个有窟窿的栅极，这样只要在栅极上施以很小的电压就可以有效地控制从阴极流向阳极的电流。所以三极管可以对电信号进行放

通信的革命

大，这就给无线电信号插上了翅膀，从此以后，再也不怕路途遥远，信号不清了。

电子管发明后得到了广泛的应用。但是，它耗电高、体积大、价格贵、寿命短、易破碎。这些缺点促使人们进一步地去研究解决。1911年，弗立兹制成了第一个硅整流器，它的作用和电子管的二极管的作用一样，于是人们就想，能不能在这里面再插入一个电极，做成晶体的三极管。

1938年，德国的希尔胥等人在一片溴化钾的晶片中，成功地安装了一个栅极。可惜他们的三极管的工作频率很低，实用价值不大。看来，在晶体管上安一个栅极并不那么容易，成功的希望有赖于固体物理的研究。

从1931年到1939年，许多物理学家对半导体理论进行了研究，特别是德国的肖基特和英国的莫特提出的"扩散理论"，使晶体管的基础理论已经就绪，关键是如何把这些理论应用到实践中。1945年，贝尔实验室决定成立固体物理研究室。一名叫肖克利的理论物理学家进入了这个实验室。他根据莫特等人的理论，在理论上作出了重要的预言。后来，在巴丁的改进下制成了世界上的第一只晶体管。这一天是1947年10月23日。

广角镜

集成电路

集成电路是一种微型电子器件或部件。人们采用一定的工艺，把一个电路中所需的晶体管、二极管、电阻、电容和电感等元件及布线连接在一起，制作在一小块或几小块半导体晶片或介质基片上，然后封装在一个管壳内，成为具有所需电路功能的微型结构，其中所有元件在结构上已组成一个整体，使电子元件向着微小型化、低功耗和高可靠性方面迈进了一大步。

一开始晶体管的性能极不稳定，但是随着半导体工业的发展，新的电子器件不断出现。20世纪60年代，人们发明了集成电路，第一块集成电路是在不到1平方厘米的硅片上集成了几十个晶体管的小规模集成电路。20世纪70年代的集成电路就发展到了集成几万个晶体管。20世纪80年代的一块芯片上就有上百万或上亿个晶体管，形成超大规模集成电路。这些晶体管之间的连线的粗细仅4～6微米。芯片的生产要求更高的技术和清洁，未来的计算机将更小型化，一个手掌大小的计算机就会比现在最好的巨型计算机的功能更强。

神奇的微波通信

随着社会生产和生活的需要，世界上的无线电台越来越多，整个世界的空间中充满了各种不同频率的电磁波。

20世纪30年代，人们开拓出了超短波，实现了电视广播；20世纪40年代，人们又发现了波长更短的微波并不断地对它进行研究和开发。

微波是电磁波大家族中最小的一个成员。它跑得又快又远，"脾气"与光波差不多。别看它"身高"（波长）通常只有几厘米或几毫米，但其"本领"比长波、短波要大得多。

微波有着自己独特的传播方式，它既有别于长波，也与短波不同。长波"脚踏实地"，是沿地球表面传播的，因而被称为地波。如果要在地面上赛跑，它跑的距离最远，可以得冠军；如果要跨越地面的障碍物，它只要迈开"长腿"，就能轻而易举地翻过高山峻岭，而其他姐妹就只好甘拜下风了。短波是凌空飞行的，因而被称为天波，借助于高空中电离层的反射，它可以传播更远的距离。微波就不同了，它是沿直线在空间传播的，因此被称为空间波（又称直射波）。它跑得又快又远，而且十分灵活，可是如果把它射向电离层，它不是像短波那样被电离层反射，而是能穿越电离层而去；它也没有长波那样的绕射本领，高山大物就可阻挡住它前进的道路。即使没有什么大障碍物，由于地球的表面是球面，所以当微波在空间传播的距离较远时，也往往被地面所形成的圆弧所阻隔，就如同被一座拱形大桥挡着一般。鉴于上述这些原因，微波在地球上传播的距离，就一般收发天线的高度来说，只能保证50千米左右。要让微波跑得更远些，自然可以用加高天线的办法，但这毕竟要受到一定的限制。尽管世界上最高的电视发射天线已高达600多米，而其传播距离也只有150多千米。

微波有着其姐妹们无法比拟的优点，可又碰到了不少麻烦，有没有办法克服这些弱点呢？

科学家们开动脑筋，首先想到加强微波的功率。为了达到这一目的，科学家进行了一系列探索。他们从平时使用的手电筒上得到了启示。手电筒的

通信的革命

小灯泡光本来向四面八方散射的，但由于采用了"铜碗"这个抛物面反射镜反射，它就变成了沿一定方向前进的平行射线，而且由于集中了光束，功率加强，射程就远了。科学家们用此法进行微波传送果然效果很好，但是如何绕过障碍物呢？科学家从运动会上的接力赛跑中受到了启发。在20世纪50年代，创造出了一种微波接力通信，即微波中继通信的方式，就是每隔50千米左右，建立一个微波接力站，即中继站，让它自动地把前一站发来的微波信号接收下来并加以放大，再转发到下一站去，就好像接力赛跑一样，一站接一站地把信号转送到远方。

在一条微波通信干线上，除了中间要设立许多接力站外，两端还必须设立终端站。终端站除像接力站那样具备收发微波信号的设备外，还设有各种转换和控制设备，用以把电视台、电信局送来的电报、电话、电视、传真等各种信号变换为微波信号发送出去，或是把收到的微波信号变换为电报、电话、电视、传真等信号，送到电视台、电信局，再转发到各个用户，从而达到通信的目的。

但是，在微波通信方面一次真正的突破是在1957年。为什么这样说呢？前面讲过，微波通信的中继站和终端站，就像接力赛跑中的接力站。每一个中继站自动地把前一站发来的信号接收下来，加以放大，然后再转发到下一站去，但是如果通信线路很长很长，就要建造许许多多的中继站，要花费多大的人力物力啊。此外，微波是直射的，凡是处以地平线以下或是中间障碍物较大的地方，还是无法进行通信。上述两个微波通信中的难题，困扰着科学家。到了1957年，前苏联成功地发射了第一颗人造卫星，才完全解决了微波通信中的这两大难题，从而打开了电信事业的新天地。

卫星上设置了自动微波接收装置，上面装有微波收发机，既可接收地面发去的信号，又可把这些信号放大处理后，再转发到另一个地面站，以实现两地间的通信。请注意，一颗卫星如果使相距1万多千米的两个地方实现通信，改为架设地面中继站的话，至少需要200个中继站。不仅如此，在这个卫星所覆盖的地区之内，任何两点，不管是远隔重洋，还是横阻着高山大川，或是深藏于地平线下，都可以通过卫星实现通信。这样一来过去的难题都迎刃而解了。又因为微波在穿透地球大气层时不会受到大气的影响，所以利用卫星进行微波通信是不会失真的。再一个突出优点是通信容量大，一颗通信卫星可提供成千上万路电话和许多路电视。卫星的出现，不能不说是微波通信上的一个重大突破。

奇异的光纤通信

近代光通信的出现比无线电通信还早。波波夫发送与接收第一封无线电报是在1896年，而早在1880年，美国电话发明家贝尔就已经研究并成功地发送与接收了光电话。1881年，贝尔宣读了一篇题为"关于利用光线进行声音的产生与复制"的论文，报道了他的光电话装置。

1930—1932年，日本在东京的日本电气公司与每日新闻社之间实现了3.6千米的光通信，但在大雾大雨天气里效果很差。第二次世界大战期间，光电话发展成为红外线电话，因为红外线肉眼看不见，更有利于保密。

光通信虽然出现得很早，但它在近代科技发展中却远没有无线电通信发展那样迅速而广泛。这主要是因为早期光通信系统没有找到像无线电波那样的相干光频电磁波，因而通信质量不高。

激光出现以后，光通信的面貌发生了根本性的变化。激光像普通无线电波一样，可以进行调制和解调，可以把各种信号载到光波上发射出去而实现光通信。20世纪60年代，有的实验室用氦－氖气体激光器做了传输电视信号和20路电话的实验，也有的公司制成了语言信道试验性通信系统。到20世纪80年代初激光通信已进入应用发展阶段。

激光通信的主要障碍是气候因素的影响和大气层内信号的衰减。光导纤维的出现，使人们成功地解决了激光大气传输问题，使激光通信走上了稳步发展阶段。其实，利用细长纤维导管传输光线和图像的概念早在一个世纪以前就有人提出过。例如，1854年，英国的丁铎尔在英国皇家学会的一次演讲中指出，光线能够沿盛水的弯曲管道进行反射而传输，以后他用实验证实了这个想法，但由于条件限制，当时没能深入研究。1927年，英国的贝尔德首次利用光全反射现象制成了石英纤维可解析图像，并且获得了两项专利。1951年，荷兰和英国开始进行柔软纤维镜的研制。1953年，荷兰人范赫尔把一种折射率为1.47的塑料涂在玻璃纤维上，形成比玻璃纤维芯折射率低的套层，得到了光学绝缘的单根纤维。但由于塑料套层不均匀，光能量损失太大。

利用光纤进行激光通信的设想是由美籍华人高锟博士于1966年首次明确提出来的。为此他获得了1979年5月由瑞士国王颁发的国际伊利申通信奖金。光纤通信引起了各国普遍注意，美、日等国相继开展了这方面的研制工作。

1968年，日本两家公司联合宣布研制成了一种新型无套层光纤，它能聚焦和成像，称作聚焦纤维。同期，美国宣布制成液体纤维，它是利用石英毛细管充以高透明液构成的。这两种光纤的光耗损很难降低，所以实用价值不大。这一时期，美国在提高材料质量上下工夫，康宁公司于1970年用高纯石英首次研制成功耗损率为每千米20分贝的套层光纤，使通信光纤的研究跃进了一大步。一根光纤可以传输150万路电话和2万套电视。

实际上光通信系统使用的不是单根光纤，而是由许多光纤聚集在一起组成的光缆。一根直径为1厘米的光缆，里面有近百根光纤。光缆和电缆一样可以架在空中，埋入地下，也可以铺设在海底，它的出现使激光通信进入了实际应用阶段。1976年，日本在大阪附近的奈良县开始筹建世界上第一个完全用光缆实现光通信的实验区，到1978年7月已拥有300个用户。

如果把光通信用于地球之外的宇宙空间就是宇宙激光通信。宇宙空间没有大气或尘埃，激光在那里传输时比在大气中的衰减小得多，因而激光用于宇宙通信既优越又经济，受到各国的普遍重视。

各种各样的移动通信

移动通信的历史一直可以追溯到20世纪初。1901年，一辆马可尼在早期试验中曾经使用过的蒸汽汽车载着一部活动无线电台；电台在车辆行进中，通过一个高高竖起的圆筒形天线，与其他电台进行无线电联络。这就是最早的移动通信。

移动通信首先在航海上获得应用，并且通过海难救援活动体现出了它的价值。例如，1909年1月23日凌晨5时30分，一艘15000吨位的轮船"共和"号在浓雾中与驶往美洲的意大利轮船"佛罗里达"号相撞。在此紧急关头，"共和"号通过无线电发出了遇险信号。在附近海域的一艘轮船在30分钟后得知了这一消息，便在"共和"号发出的无线电信号的导航下，冲破浓雾赶到了出事地点，使两艘相撞轮船上的1700个生命获救。人们由此而深切地感受到移动通信的威力。

早期的移动通信设备体积庞大，而作用的范围却比较小。后来，随着半导体器件和集成电路的相继出现，使车载的和个人携带的移动通信设备日益小型化，为其广泛地应用和推广奠定了基础。

◎汽车电话

在信息时代里，人们每时每刻都需要从外界获取信息，并与各有关方面交流信息，即使是在乘车外出的途中，也十分需要保持这种联络。首长需要与他的秘书保持联系；繁忙的企业经理不愿放过旅途的空闲，与客户洽谈生意；开车外出旅行的人在到达目的地之前要预订旅馆房间或向亲朋好友通报自己将要到达的消息；出租汽车的司机要随时与他的公司保持联系……所有这一切告诉我们，在汽车里安装电话等通信工具是多么有必要！汽车是要随时开动的。所以，汽车里的电话就不能像普通电话那样，用电话线将它和电话局连接起来，而只能依靠无线电波。在一个城市里，为了建立完善的汽车电话系统，需要把整个城市划分成若干个小区，每个小区都设立一个无线电基地台，每个基地台都通过有线线路与该市的移动电话交换局相连接，然后进入市内电话网。

装在汽车里的移动电话设备由小型无线电收发信机、天线、手提式电话机和一些控制设备所组成。当汽车行进到某个小区时，如果车上的人需要打电话，他所发出的信号首先通过一定频率的无线电波被送到这个小区的基地台，然后再经移动电话交换

趣味点击　　功率

功率是指物体在单位时间内所做的功，即功率是描述做功快慢的物理量。功的数量一定，时间越短，功率值就越大。求功率的公式为功率＝功/时间。

通信的革命

局和市内电话局传送给市内电话用户；市内电话用户呼叫汽车电话用户的过程正好与上述相反。由于基地台分配给进入该小区的各辆汽车的通话频道不一样，因而它们各走各的"路"，互不相扰。

由于一个城市被划分为很多个小区，所以装在汽车里的无线电收发信机用不了多大功率，一般只需5瓦左右（也有不到1瓦的）。而基地台由于要同时与驶入这个小区的许多汽车进行通信，所以它的发信功率一般较大，电波的覆盖范围可达5～10千米。

◎列车电话

列车电话也已在一些国家普遍使用。例如，行驶在纽约到华盛顿的高速铁路上的列车，多年前便装有列车电话。当纽约或华盛顿的某个电话用户想给火车上的某乘客打电话时，可以从"一览表"中查到对方乘坐的这辆列车的电话号码，接着，就可以直接拨号，而不需要知道这列火车现在行进在哪个区段。担负接通电话任务的中心局在收到用户的拨号信号后，便根据它对火车位置的自动检测结果，把信号转发给火车行进区段的收信机，再由区段的发信机发给该列火车。火车乘务员在接到电话后，通过广播的方式请受话人到他所在车厢的电话间去接电话。同样地，火车上的每个乘客也可以通过上述系统给地面上的任何一个用户打电话。

从纽约到华盛顿的高速铁路全长362千米，被划分为基本等距离的9个区段，每个区段都安装有专用的无线电收发信机，用来接收或转发信号。

在日本，还有一种以漏泄同轴电缆为媒介的列车电话系统。漏泄电缆沿铁路线铺设，经过设在列车沿途各站的基地局，将沿途若干个电话控制局连接起来，然后经一般电话交换局与地面电话用户沟通。

那么，火车上的电话机是靠什么与漏泄电缆接续的呢？原来，在每节车厢的下部都隐藏着一个天线，通过它，车厢里电话机所发出的信号用无线电波和漏泄电缆接续。

船舶交换局能根据船舶的现在位置，通过相应的基地局将电话信号自动转发到被叫船舶上去。船舶上的电话机通常采用按键式投币电话机。它也有缩位拨号等新的业务功能。

现在，不仅航行在大海里可以打电话，坐在飞机上也能打电话了。地对空的通信是靠甚高频无线电波进行的。1991年，新加坡航空公司启用一架装有全球空中电话设备的波音747宽体客机，机上乘客能在飞行过程中直接与世界各地通话。

◎ 手持式移动电话

手持式移动电话机俗称"大哥大"。手持移动电话系统与汽车电话系统一样，都是采用小区制。一个个六边形小区鳞次栉比，构成了整个移动电话覆盖区。相邻小区采用不同的频率，以避免彼此干扰；相距较远的小区可以采用相同的频率。这样，同一个频率就可以多次使用，节省了频率资源。

知识小链接

小区制

小区制是指将所要覆盖移动通信网络的地区划分为若干小区，每个小区用户的分布密度在1～10千米，在每个小区设立一个基站为本小区范围内的用户服务。

手持式移动电话机主要由送受话器、控制组件、天线以及电源四部分组成。在送受话器上，除了装有话筒和耳机外，还有数字、字母显示器，控制键和拨号键等。控制组件具有调制、解调等许多重要功能。由于手持式移动电话机是在流动中使用的，所需电力全靠自备的电池来供给，所以每隔一定时间，电池需要充电一次。

手持式移动电话的通信过程与汽车电话相仿。早期的手持式移动电话是采用模拟方式工作的，而且只能在本地区使用。近年来，开发了新的数字式移动电话系统。移动电话的数字化不仅缓解了移动电话用户猛增所带来的频率资源不足的问题，而且也使移动电话功能增多、音质变好，且有利于保密。

手持式移动电话

通信的革命

卫星通信的实现

人类通信技术的突飞猛进，应该归功于通信卫星。

20世纪是无线电通信时代。无线电通信是用电波传送信号的。在无线电波的超长波、长波、中波、短波、超短波和微波六个波段中，超短波和微波具有传输信息容量大、稳定可靠等显著优点，因此适于远距离通信。

> **基本小知识**
>
> **通信卫星**
>
> 通信卫星是指用作无线电通信中继站的人造地球卫星，是卫星通信系统的空间部分。

不过，超短波和微波也有缺点，它们只能在"视距"范围内直线传播。也就是说，只有在能看见天线发射塔的地方，才能接收到它们发射出来的电波；而一旦发射塔被高山阻隔或处于地平线之下，电波就裹足不前了。电视台播放的节目只能传送方圆六七十千米，就是这个道理。

为了让优秀的信使——超短波和微波传播得更远，人们给它们建立起"驿站"——每隔50千米左右建造起一个中继通信站。每个中继通信站都有收信机、发信机和天线铁塔。电波通过中继通信站的接力，便可向远方传播开来。

在地面上建造中继站最大的问题是造价昂贵。要把北京的电视节目传送到上海，须建造十几个中继站。此外，海面上无法建造中继站，洲际通信只能望洋兴叹。

需要寻找理想的"驿站"，人们首先想到了飞机，飞机在万米以上的高空翱翔，若把中继通信站建立在它的上面，就等于把发射塔建到几万米的高度。这样，电波覆盖地面的面积就大多了。但是，飞机终归要返回地面，在空中扎不了"根"。

人们又想到了月亮。月亮是地球的天然卫星，用它作"驿站"，可以向半个地球反射回波。1946年，美国人进行了雷达接收月球表面回波实验。结果是，由于月亮本身要吸收电波的一部分能量，加之干扰大，回波信号很弱且不清晰。再有，月亮距地球38万多千米，电波往返路程约77万千米，会使信息延误2.5秒。看来，月亮"驿站"也很不理想。

人造卫星上天后，人们寄希望于它。1960年8月，美国发射了用镀铝塑料薄膜制成的气球"回声"1号，1963年3月又发射"西福特"卫星把偶极子带施放在高空上，用以反射通信卫星。与月亮一样，气球卫星、偶极子带均属无源通信卫星，它们不能补偿电波的空间损耗，所以实用价值不大。

从1958年起，人类曾先后发射过一些不同类型的有源通信卫星。与无源通信卫星不同，有源通信卫星内部具有产生无线电波的能源，它接收到微弱的电波信号后，再把它变成大功率的信号发回地面。不过这些卫星在天空中都不是"固定"的，地面接收天线要随时跟踪卫星的行迹。

趣味点击 地球同步轨道

地球同步轨道，又称24小时轨道，卫星的轨道周期等于地球在惯性空间中的自转周期（23小时56分4秒），且方向也与它一致。卫星在每天同一时间的星下点轨迹相同，当轨道与赤道平面重合时叫作地球静止轨道，即卫星与地面的位置相对保持不变。

直到1963年7月，第一颗地球同步轨道通信卫星发射成功，终于为超短波和微波找到了最理想的"驿站"。

地球同步轨道通信卫星第一个特点是高，它距地面约35860千米高，当然地球上能"看见"它的区域就大了，也就是电波的覆盖面积大了。一颗地球同步轨道通信卫星覆盖面积为1.7亿平方千米，约为地球表面的1/3。覆盖面积大，意味着通信距离远。在覆盖区内，无论是地面还是天空，也无论是海上还是山谷，都能够进行通信。如果在地球同步轨道上平均分布3～4颗通信卫星，便可实现除南、北两极之外的全球通信了。

地球同步轨道通信卫星的另一个特点是固定。它位于地球赤道的上空，以3.07千米/秒的速度自西向东绕地球做圆周运动。环绕地球一周的时间为23小时56分4秒，与地球自转一周的时间恰好相等。从地面上看去，它好像

通信的革命

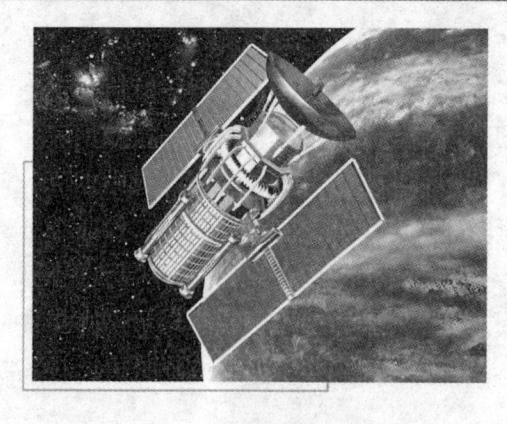

通信卫星

"挂"在空中一样，所以又称为"定点卫星"，其轨道又称为"静止轨道"。由于"定点"和"静止"，地面站的天线就不必跟踪它而整天"摇头摆尾"了。

通信卫星技术的发展是异常迅速的，从1945年英国科学家克拉克提出向地球同步轨道发射卫星进行全球通信的设想，到1963年同步卫星首次进行实验性通信，前后不过20年。特别是近几十年来，通信卫星技术更是日新月异，无论是在通信容量方面，还是在转发器辐射功率及卫星使用寿命等方面，都有了长足的发展。

知识小链接

转发器

转发器也叫作网络转发器，是一类用来重建电子、无线或光学信号的网络设备。转发器尝试来保护信号的完整性和扩展数据能够安全传输的距离。在网络互联时，它用在 ISO 物理层的中继系统中。

今天，借助于通信卫星，人们能够和远隔重洋的亲人通话、通电报；从电视上观看世界新闻、体育比赛；传输报纸整个版面，传送各种数据资料；医生给万里之遥的病人诊断；部队的将领指挥千里之外的战争……总之，通信卫星给人类的社会活动和日常生活带来了巨大的变化。

通信的革命

现代移动通信技术

　　移动通信是当今通信领域发展的热点技术之一，尤其是电信行业的再次重组和3G移动通信系统的商用，拓宽了移动通信业务的应用范围，带来了移动用户的快速增长，推进了2G移动网络的完善和3G移动网络的建设步伐，提高了网络的服务质量。

　　本章会带领大家对现代移动通信技术有个更深入的了解。

通信的革命

移动通信的发展

移动通信可以说从无线电通信发明之日就产生了。1897年，马可尼所完成的无线通信实验就是在固定站与一艘拖船之间进行的，距离为18海里。

现代移动通信技术的发展始于20世纪20年代，大致经历了五个发展阶段。

◎第一阶段

20世纪20—40年代，为早期发展阶段。在这期间，首先在短波几个频段上开发出专用移动通信系统，其代表是美国底特律市警察使用的车载无线电系统。该系统工作频率为2兆赫，到20世纪40年代提高到30~40兆赫，可以认为这个阶段是现代移动通信的起步阶段，特点是专用系统开发，工作频率较低。

◎第二阶段

从20世纪40年代中期至60年代初期。在此期间内，公用移动通信业务开始问世。1946年，根据美国联邦通信委员会的计划，贝尔系统在圣路易斯城建立了世界上第一个公用汽车电话网，称为"城市系统"。当时使用三个频道，间隔为120千赫，通信方式为单工，随后，联邦德国（1950年）、法国（1956年）、英国（1959年）等国相继研制了公用移动电话系统。美国贝尔实验室完成了人工交换系统的接续问题。这一阶段的特点是从专用移动网向公用移动网过渡，接续方式为人工，网的容量较小。

◎第三阶段

从20世纪60年代中期至70年代中期。在此期间，美国推出了改进型移动电话系统（IMTS），使用150兆赫和450兆赫频段，采用大区制、中小容量，实现了无线频道自动选择并能够自动接续到公用电话网。联邦德国也推出了具有相同技术水平的B网。可以说，这一阶段是移动通信系统改进与完善的阶段，其特点是采用大区制、中小容量，使用450兆赫频段，实现了自动选频与自动接续。

基本小知识

大区制

大区制是移动通信网的区域覆盖方式之一，一般在较大的服务区内设一个基站，负责移动通信的联络与控制。

◎ 第四阶段

从20世纪70年代中期至80年代中期。这是移动通信蓬勃发展时期。1978年底，美国贝尔实验室研制成功先进移动电话系统（AMPS），建成了蜂窝状移动通信网，大大提高了系统容量。1983年，首次在芝加哥投入商用。同年12月，在华盛顿也开始启用。之后，服务区域在美国逐渐扩大。到1985年3月已扩展到47个地区，约10万移动用户。其他工业化国家也相继开发出蜂窝式公用移动通信网。日本于1979年推出800兆赫汽车电话系统（HAMTS），在东京、神户等地投入商用。联邦德国于1984年完成C网，频段为450兆赫。英国在1985年开发出全地址通信系统（TACS），首先在伦敦投入使用，以后覆盖了全国，频段为900兆赫。法国开发出450系统。加拿大推出450兆赫移动电话系统（MTS）。瑞典等北欧四国于1980年开发出NMT-450移动通信网，并投入使用，频段为450兆赫。

这一阶段的特点是蜂窝状移动通信网成为实用系统，并在世界各地迅速发展。移动通信大发展的原因，除了用户需求迅猛增加这一主要推动力之外，还有几方面技术发展所提供的条件。首先，微电子技术在这一时期得到长足发展，这使得通信设备的小型化、微型化有了可能性，各种轻便电台被不断地推出。其次，提出并形成了移动通信新体制。随着用户数量增加，大区制所能提供的容量很快饱和，这就必须探索新体制。在这方面最重要的突破是贝尔实验室在20世纪70年代提出的蜂窝网的概念。蜂窝网，即所谓小区制，由于实现了频率再用，大大提高了系统容量。可以说，蜂窝概念真正解决了公用移动通信系统要求容量大与频率资源有限的矛盾。第三方面进展是随着

通信的革命

大规模集成电路的发展而出现的微处理器技术日趋成熟以及计算机技术的迅猛发展,从而为大型通信网的管理与控制提供了技术手段。

> **知识小链接**
>
> **微处理器**
>
> 微处理器是指用一片或少数几片大规模集成电路所组成的中央处理器。这些电路执行控制部件和算术逻辑部件的功能。微处理器与传统的中央处理器相比,具有体积小、重量轻和容易模块化等优点。微处理器的基本组成部分有寄存器堆、运算器、时序控制电路,以及数据和地址总线。

◎ 第五阶段

从 20 世纪 80 年代中期开始。这是数字移动通信系统发展和成熟时期。以 AMPS 和 TACS 为代表的第一代蜂窝移动通信网是模拟系统。模拟蜂窝网虽然取得了很大成功,但也暴露了一些问题。例如,频谱利用率低,移动设备复杂,费用较贵,业务种类受限制以及通话易被窃听等,最主要的问题是其容量已不能满足日益增长的移动用户需求。解决这些问题的方法是开发新一代数字蜂窝移动通信系统。数字无线传输的频谱利用率高,可大大提高系统容量。另外,数字网能提供语音、数据多种业务服务,并与综合业务数字网(ISDN)等兼容。实际上,早在 20 世纪 70 年代末期,当模拟蜂窝系统还处于开发阶段时,一些发达国家就着手数字蜂窝移动通信系统的研究。到 20 世纪 80 年代中期,欧洲首先推出了泛欧数字移动通信网(GSM)的体系。随后,美国和日本也制定了各自的数字移动通信体制。

由汽车通信引发的通话烦恼

在 1895 年无线电发明后的大约 10 年,出现了船舶通信,那是最早的移动通信。陆上公用移动通信是在 20 世纪 40 年代后期(第二次世界大战以后)开始兴起的。大家知道,堪称"汽车王国"的美国在第二次世界大战以后私人汽车就已经相当多了，与此同时，电话也相当普及了。可是，当人们驾车行进在高速公路上时，纵有再紧急的事也无法同人通信，进行联络，这给"汽车王国"带来了莫大的烦恼。于是科学家们开始研究如何实现边开车、边通信，给人们排忧解难。

1946 年，在美国密苏里州的圣路易斯开通了世界上第一个汽车移动电话系统，为解除上述烦恼迈出了第一步。但是，这些早期的系统都是采用单区制，即在一个服务区设一个基站。由于设备庞大、昂贵，容量和服务范围有限，频率不敷使用等原因，这些系统远远满足不了日益增长的需求。

实际上，随着微电子、计算机等基础技术的发展，20 世纪 60 年代末 70 年代初，人们就已开始研究如何实现美国著名的贝尔实验室在 1947 年就提出的蜂窝移动通信概念。几经努力，1978 年，贝尔实验室的科学家们终于成功研制了世界上第一个蜂窝移动通信系统，并于 1983 年正式投入商用。这是移动通信发展史上的重要发明。

早期移动通信采用单区制的系统，在一个服务区内设一个基站，为了扩大覆盖区，基站的天线架得很高，发射功率也很大（数十瓦至上百瓦）。由于系统的频率资源有限，因此当服务区内的用户不断增加时，信道就不够用了。蜂窝移动通信的概念是把此服务区分成若干小区，每个小区重复使用指配的频率，就能成倍增加信道数。但是，这样做，相邻小区间会造成同频干扰。倘若采用相同频率的小区，相隔一定的距离，就可避免干扰。这种在相隔一定距离的小区内重复使用相同频率的做法就是频率再用的概念。当然，在实际的系统中，小区的频率再用要按一定的计划来安排，以使同频干扰最小。

知识小链接

基 站

基站，即公用移动通信基站，是无线电台站的一种形式，是指在一定的无线电覆盖区中，通过移动通信交换中心，与移动电话终端之间进行信息传递的无线电收发信电台。

我们知道，在理想情况下，如果基站采用全向天线，它的覆盖区域基本

通信的革命

上是个圆。当多个小区彼此邻接覆盖整个服务区时，可以用圆的内接正多边形来拼接。经过证明，用正六边形来拼接最合理，对组网最有利。由于多个六边形拼接在一起，酷似蜂窝，因此我们把在理论上以正六边形覆盖成网的系统称为蜂窝移动通信系统。

◎ "大哥大"的成长

蜂窝系统的出现把移动通信带入了一个新纪元。蜂窝系统通过频率再用和小区分裂（把原小区划小变多）大大增长了系统容量；由于降低了基站发射功率，减小了干扰，通话质量得到改善；因小区可大可小，可全向发射也可定向发射，采用定向小区时几个小区可共用许多设施（如机房、天线、电源设备等），从而大大提高了组网灵活性。蜂窝系统还使用户可以在移动网中随意游动，也可以边通话边游动，也可以游动到某地之后再建立通信，享受所谓的"漫游"功能，走到哪里都能打电话。

随上述蜂窝系统的好处而来的是基站增多、系统复杂、成本提高，还产生了越区切换、自动漫游、系统控制等一系列技术问题。随着技术的发展与成本的降低，蜂窝通信将经历三个应用阶段。

拓展思考

越区切换

当移动台从一个小区（指基站或者基站的覆盖范围）移动到另一个小区时，为了保持移动用户的不中断通信需要进行的信道切换称为越区切换。

（1）满足少数用户的需求阶段，这个阶段发生在20世纪90年代以前，用户主要是律师、医生、建筑承建商、公司经理、商人、经纪人等。"大哥大"这一俗称即由此而来。他们对移动通信的需求特别迫切，对昂贵的费用不仅不在话下，而且还成了炫耀自己的象征。这一阶段的用户不多，以美国为例，约为200万。

（2）面向大量企事业用户的阶段，他们是等到费用下降后开始使用的。在美国，当每月平均花费为50美元左右时吸引了大量第二批用户，这一阶段发生在20世纪90年代初至90年代中期。

（3）面向家庭的阶段，这一阶段的潜在用户可就多了，但必须要等到移动电话所需费用进一步下降之时,还以美国为例,当每月平均费用下降至20美元左右,每分钟话费5美分时,这一阶段就到来了。

　　第一代的蜂窝通信系统都采用模拟技术,虽然比老式的系统前进了一大步,但是随着蜂窝通信的大量使用,到20世纪80年代后期,模拟蜂窝系统开始暴露出它们的弱点:①容量有限,在有些地方已不敷使用;②制式太多,互不兼容,妨碍漫游,限制了用户覆盖面;③不能获得数字通信的许多好处,如保密、通话质量好、适合提供非话业务等。这些弱点都制约了蜂窝通信的进一步发展。因此,在20世纪80年代后期,欧、美、日都着手开发第二代系统——数字蜂窝系统。虽然他们选用的技术和标准都不同,但最终想达到的目标是一致的,那就是:比现有系统具有更高频谱利用效率;除了话音业务外,还可以提供多种非话业务;能提供自动漫游、位置登记等移动通信特有的功能;服务质量高,成本低;设备价格低;重量轻、尺寸小、耗电省;安全保密。

　　发展至今,欧、美、日的第二代数字系统都已投入使用,但其中以欧洲的GSM系统起步最早、发展最快。我国电信部门开发的"全球通"即采用了GSM系统。

　　因此,从应用来看,"大哥大"现在在从第二阶段向第三阶段过渡;从技术来看,正在从第一代模拟系统向第二代数字系统过渡。

　　"大哥大"发展之初,都以为它是一种奢侈的消费品,只有少数人享用得起。没有一个国家或公司能预计到它后来的发展速度如此之快,与当初的预测大相径庭。连它的发源地美国也如此。当初预计到20世纪末,美国的"大哥大"用户了不起有几百万,而如今用户之多,令人咋舌。难怪蜂窝系统的发明者,美国AT&T(美国电话电报公司)公司的原总裁在检讨公司发展策略时惊呼没有把移动通信作为公司主业来抓,是20世纪80年代公司决策中最大的失误。作为失误的弥补,AT&T公司在20世纪90年代兼并了美国最大的蜂窝通信公司。日本也犯了同样的错误,由于没有看到移动通信的市场前景,它开发的第一代和第二代系统都独搞一套专用的标准,无法走向国际市场,结果是后悔莫及。

　　"大哥大"投放市场后不久,到了20世纪80年代中后期就开始高速发展了,欧、美一些发达国家的用户数以50%~60%的速度逐年增长。发展中国

> 通信的革命

家更是后来居上，不少国家发展速度已超过100%，甚至以200%的速度在发展。在跨入20世纪90年代之后，"大哥大"简直像一匹脱缰的野马，一发不可收。像日本这样的蜂窝通信第二大国1996年的增长率还高达125%。其他高速发展的国家增长率也不少。

在蜂窝通信的带动下，其他移动通信手段，如无绳电话和移动卫星等系统也在蓬勃发展或正在兴起，并将携手一起奔向更高的目标——个人通信。

个人通信把传统的"服务到家"的通信方式变成"服务到人"，使任何人随时随地可以同任何地方的另一个人进行通信，不管通信的双方处于静止状态还是移动之中，都能利用分配给个人的号码完成通信。实现个人通信需要完成三个发展阶段：即终端个人化，逐步实现每个用户都有一部手持机，不论走到哪里都能打电话；传送个人化，通过个人号码把信息送到个人，同时把账也记在个人头上；服务个人化，按照个人的意愿来给用户提供服务，满足不同用户的需求。

靠现有的移动通信系统是无法达到这一更高的目标的。为此，国际电联无线电通信部门（ITU-R）在1985年提出了第三代移动通信系统，并把它命名为"未来公众陆地移动通信系统（FPLMTS）"。由于该系统预计在2000年使用，工作频段也定在2000兆赫，故于1996年更名为"IMT-2000"，总的来讲，第三代移动通信系统是一个综合系统，包括蜂窝系统、无绳系统和卫星系统，包括海、陆、空三维的服务面，包括话音、数据、图文和多媒体多种业务，包括直径不到50米的微小区一直到大于500千米的卫星小区，包括多种空中接口和接入方式，可向高速与慢速移动的用户提供服务，是一个高度智能的、全球覆盖的、具有个人服务特色的移动通信网。

▶ 第三代移动通信技术及其特征

第三代移动通信系统（IMT-2000），在第二代移动通信技术基础上进一步演进的以宽带CDMA技术为主，并能同时提供话音和数据业务的移动通信系统亦即未来移动通信系统，是一代有能力彻底解决第一、二代移动通信系统主要弊端的最先进的移动通信系统。第三代移动通信系统的一个突出特色就是，要在未来移动通信系统中实现个人终端用户能够在全球范围内的任何时间、任何地点，与任何人，用任意方式、高质量地完成任何信息之间的移动通信与传输。可见，第三代移动通信十分重视个人在通信系统中的自主因素，突出了个人在通信系统中的主要地位，所以又叫未来个人通信系统。

众所周知，在第二代数字移动通信系统中，通信标准的无序性所产生的百花齐放局面，虽然极大地促进了移动通信前期局部性的高速发展，但也较强地制约了移动通信后期全球性的进一步开拓，即包括不同频带利用在内的多种通信标准并存局面，使得"全球通"漫游业务很难真正实现，同时现有带宽也无法满足信息内容和数据类型日益增长的需要。第二代移动通信所投入的巨额软硬件资源和已经占有的庞大市场份额决定了第三代移动通信只能与第二代移动通信在系统方面兼容地平滑过渡，同时也就使得第三代移动通信标准的制定显得复杂多变，难以确定。

伴随芬兰赫尔辛基国际电信联盟（ITU）大会帷幕的徐徐落下，在由中国制订的TD-SCDMA、美国制订的CDMA2000和欧洲制订的W-CDMA所组成的最后三个提案中，几经周折后，最终将确定一个提案或几个提案兼容来作为第三代移动通信的正式国际标准（IMT-2000）。其中，中国的TD-SCDMA方案完全满足国际电信联盟对第三代移动通信的基本要求，在所有提交的标准提案中，是唯一采用智能天线技术，也是频谱利用率最高的提案，可以缩短运营商从第二代移动通信过渡到第三代系统的时间，在技术上具有明显的优势。更重要的是，中国的标准一

拓展阅读

智能天线技术

随着社会信息交流需求的急剧增加、个人移动通信的迅速普及，频谱已成为越来越宝贵的资源。智能天线采用空分复用（SDMA），利用在信号传播方向上的差别，将同频率、同时隙的信号区分开来。它可以成倍地扩展通信容量，并和其他复用技术相结合，最大限度地利用有限的频谱资源。另外在移动通信中，由于复杂的地形、建筑物结构对电波传播的影响，大量用户间的相互影响，产生时延扩散、瑞利衰落、多径、共信道干扰等，使通信质量受到严重影响。采用智能天线可以有效地解决这些问题。

通信的革命

且被采用，将会改变我国以往在移动通信技术方面受制于人的被动局面；在经济方面可减少，甚至取消昂贵的国外专利提成费，为祖国带来巨大的经济利益；在市场方面则会彻底改变过去只有运营市场没有产品市场的畸形布局，从而使我国获得与国际同步发展移动通信的平等地位。

TD－SCDMA 技术方案是我国首次向国际电信联盟提出的中国建议，是一种基于 CDMA，结合智能天线、软件无线电、高质量语音压缩编码等先进技术的优秀方案。TD－SCDMA 技术的一大特点就是引入了 SMAP 同步接入信令，在运用 CDMA 技术后可减少许多干扰，并使用了智能天线技术。另一大特点就是在蜂窝系统应用时的越区切换采用了指定切换的方法，每个基站都具有对移动台的定位功能，从而得知本小区各个移动台的准确位置，做到随时认定同步基站。TD－SCDMA 技术的提出，对于中国能够在第三代移动通信标准制订方面占有一席之地起到了关键作用。

显然，第三代移动通信系统将会以宽带 CDMA 系统为主，所谓 CDMA，即码分多址技术。移动通信的特点要求采用多址技术，多址技术实际上就是指基站周围的移动台以何种方式抢占信道进入基站和从基站接收信号的技术，移动台只有占领了某一信道，才有可能完成移动通信。目前已经实用的多址技术有应用于第一代和第二代移动通信中的频分多址（FDMA）、时分多址（TDMA）和窄带码分多址（Q－CDMA）三种。FDMA 是不同的移动台占用不同的频率。TDMA 是不同的移动台占用同一频率，但占用的时间不同。CDMA 是不同的移动台占用同一频率，但各带有不同的随机码序，因此同一频率所能服务的移动台数量是由随机码的数量来决定的。宽带 CDMA 不仅具有 CDMA 所拥有的一切优点，而且运行带宽要宽得多，抗干扰能力也很强，传递信号功能更趋完善，能实现无线系统大容量和高密度地覆盖漫游，也更容易管理系统。第三代移动通信所采用的宽带 CDMA 技术完全能够满足现代用户的多种需要，满足大容量的多媒体信息传送，具有更大的灵活性。

第三代移动通信系统的特征

根据 IMT-2000 系统的基本标准，第三代移动通信系统主要由 4 个功能子系统构成，它们是核心网（CN）、无线接入网（RAN）、移动台（MT）和用户识别模块（UIM），且基本对应于 GSM 系统的交换子系统（SSS）、基站子系统（BBS）、移动台（MS）和 SIM 卡四部分。其中核心网和无线接入网是第三代移动通信系统的重要内容，也是第三代移动通信标准制订中最难办的技术内容。

第三代移动通信系统可以使全球范围内的任何用户所使用的小型廉价移动台，实现从陆地到海洋到卫星的全球立体通信联网，保证全球漫游用户在任何地方、任何时候与任何人进行通信，并能提供具有有线电话的语音质量，提供智能网业务，多媒体、分组无线电、娱乐及众多的宽带非话业务。第三代移动通信系统的特点是：综合了蜂窝、无绳、寻呼、集群、无线扩频、无线接入、移动数据、移动卫星、个人通信等各类移动通信功能，提供了与固定电信网络兼容的高质量业务，支持低速率话音和数据业务，以及不对称数据传输。第三代移动通信系统可以实现移动性、交互性和分布式三大业务，是一个通过微微小区，到微小区，到宏小区，直到"随时随地"连接的全球性卫星网络。下面，我们就来总结第三代移动通信系统的基本特征和它与第二代移动通信系统的基本区别。

> **你知道吗**
> **无线接入**
> 无线接入是指从交换节点到用户终端之间，部分或全部采用了无线手段。典型的无线接入系统主要由控制器、操作维护中心、基站、固定用户单元和移动终端等几个部分组成。

◎ 第三代移动通信的基本特征

（1）具有全球范围设计的，与固定网络业务及用户互联，无线接口的类型尽可能少和高度兼容性。

（2）具有与固定通信网络相比拟的高话音质量和高安全性。

（3）具有在本地采用 2 兆比特/秒高速率接入和在广域网采用 384 千比特/秒接入速率的数据率分段使用功能。

（4）具有在 2 吉赫左右的高效频谱利用率，且能最大限度地利用有限带宽。

（5）移动终端可连接地面网和卫星网，可移动使用和固定使用，可与卫星业务共存和互联。

（6）能够处理包括国际互联网和视频会议、高数据率通信和非对称数据传输的分组和电路交换业务。

（7）支持分层小区结构，也支持包括用户向不同地点通信时浏览国际互联网的多种同步连接。

（8）语音只占移动通信业务的一部分，大部分业务是非话数据和视频信息。

（9）一个共用的基础设施，可支持同一地方的多个公共的和专用的运营公司。

（10）移动终端体积小、重量轻，具有真正的全球漫游能力。

（11）具有根据数据量、服务质量和使用时间为收费参数，而不是以距离为收费参数的新收费机制。

◎ 宽带 CDMA 与窄带 CDMA 或 GSM 的主要区别

IMT-2000 的主要技术方案是宽带 CDMA，并同时兼顾了在第二代数字式移动通信系统中应用广泛的 GSM 与窄带 CDMA 系统的兼容问题。那么，支撑第三代移动通信系统的宽带 CDMA 与在第二代移动通信系统中运行的窄带 CDMA 和 GSM 在技术与性能方面有什么区别呢？

（1）更大的通信容量和覆盖范围。宽带 CDMA 可以使用更宽的信道，是窄带 CDMA 的 4 倍，提供的容量也要比它高 4 倍。更大的带宽可改善频率分集效果，从而可降低衰减问题。还可为更多用户提供更好的统计平均效果。宽带 CDMA 的上行链路中使用了相干解调，可提供 2～3 分贝的解调增益，从而有效地改善了覆盖范围。由于宽带 CDMA 的信道更宽，衰减效应较小，可改善功率控制精度。其上、下行链路中的快速功率控制还可抵消衰减，并可降低平均功率水平，从而能够提高容量。

> **基本小知识**
>
> **上行链路**
>
> 上行链路是指在点到多点的系统中，由分散点到集中点的传输链路。例如：在移动通信中，由移动台到基站的链路；在卫星通信中，由地球站到卫星的链路。

（2）具有可变的高速数据率。宽带 CDMA 同时支持无线接口的高低数据比特率，其全移动的 384 千比特/秒数据率和本地通的 2 兆比特/秒数据率不仅可支持普通话音，还可支持多媒体数据，可满足具有不同通信要求的各类用户。由于可变的高速数据率，可通过使用可变正交扩频码，使得发射输出功率的自适应得以实现。应用中，用户会发现宽带 CDMA 要比窄带 CDMA 和 GSM 具有更好的应用性能。

（3）可同时提供高速电路交换和分组交换业务。虽然在窄带 CDMA 与 GSM 移动通信业务中，只需要与话音相关的电路交换。但分组交换所提供的与主机应用始终"联机"而不占用专用信道的特性，可以实现只根据用户所传输数据的多少来付费的新收费机制，而不是像现在的移动通信那样，只根据用户连续占用时间的长短来付费。另外，宽带 CDMA 还有一种优化分组模式，对于不太频繁的分组数据，可提供快速分组传播，在专用信道上，也支持大型或比较频繁的分组。同时，分组数据业务对于建立远程局域网和无线国际互联网接入的经济高效应用也非常重要。当然，高速的电话交换业务仍然非常适应像视频会议这样的实时应用。

（4）宽带 CDMA 支持多种同步业务。每个宽带 CDMA 终端均可同时使用多种业务，因而可使每个用户在连接到局域网的同时还能够接收话音呼叫，即当用户被长时间数据呼叫占据时也不会出现像现在常见的忙音现象。

（5）宽带 CDMA 技术还支持其他系统改进功能。第三代移动通信系统中的宽带 CDMA 还将引进其他可改进系统的相关功能，以期达到进一步提高系统容量的目的。具体内容主要是支持自适应天线阵（AAA），该天线可利用天线方向图对每个移动电话进行优化，可提供更加有效的频谱和更高的容量。自适应天线要求下行链路中每个连接都有导频符，而宽带 CDMA 系统中的每个区中都使用一个公共导频广播。

通信的革命

　　无线基站再也不需要全球定位系统来同步，由于宽带 CDMA 拥有一个内部系统来同步无线电基站，所以不像 GSM 移动通信系统那样在建立和维护基站时需要 GPS（全球定位系统）外部系统来进行同步。因为依赖全球定位系统卫星覆盖来安装无线电基站，在购物中心和地铁等地区会导致实施困难等问题地产生。

　　宽带 CDMA 支持分层小区结构（HCS），它的载波可引进一种被称为"移动辅助异频越区切换（MAIFHO）"的新切换机制，使其能够支持分层小区结构。这样，移动台可以扫描多个码分多址载波，使得移动系统可在热点地区部署微小区。此外，它还支持多用户检测，多用户检测可消除小区中的干扰并能提高容量。

无绳电话的新秀——PHS

　　无绳电话是一种新型移动通信方式。无绳电话技术经过 20 多年的发展，已从第一代进入到第二代，目前正在大力开发第三代产品。

　　第一代无绳电话是供室内使用的，亦称子母电话机，即一个母机带一个子机。母机与公用电话网相连，子机可在母机的无线电波覆盖范围内（一般是几百米）进行移动通话。由于采用模拟技术，通话质量不是很理想，保密性也差。

　　第二代无绳电话是 20 世纪 80 年代初开始研制的。由于采用数字技术，无绳电话走出家庭，进入密度较高的办公环境及公共场所，使持有第二代无绳电话的用户，在离公共电话站几百米处就可以单向呼出，或与寻呼器一起构成二合一手机，实现双向通信。由于使用费比蜂窝移动电话（"大哥大"）低，因此很快得到

> **拓展阅读**
>
> **无绳电话**
>
> 　　无绳电话是一种自动电话单机。这种电话单机由母机和子机两部分组成。这种电话单机的母机与子机之间是通过无线电连接的，其间通话内容都将暴露于空中，如使用不慎，会造成空中泄密。所以使用时要充分注意。

推广。我国在1992、1993年先后在深圳、广东开通了第二代无绳电话，随后又在浙江、广东、广西等地建立了第二代无绳电话服务网。

采用更先进技术的第三代无绳电话，与第二代一样，也是数字式。它具有全话音加密等功能，在高密度办公环境下能进行双向呼入呼出通信。欧洲已制定第三代无绳电话的标准，并于1991年起开始试行，但尚未形成正式的产品。加拿大北方电话公司于1992年推出北美公用的第三代无绳电话，日本不沿袭欧美的标准，另辟蹊径，独立开发出第三代数字无绳电话系统——个人携带电话系统PHS。

现代通信的趋势之一是"个人化"，就是要达到"在任何时候、任何场所、任何人"都能随心所欲地、自由自在地进行通信的境界。

1994年4月以来，日本的许多公司相继推出各自的PHS。PHS是个人通信时代一种合适的新颖通信系统。PHS的成功，是继无线寻呼通信、蜂窝移动电话之后，人类在实现个人化通信方面迈出的一大步。

日本在1995年7月正式开展公众PHS服务以来，发展速度很快。到同年10月底，短短几个月，日本的用户数已达到364000个。其原因是PHS具有很多突出的优点：PHS系统的建设费用低；随着话务量增加，对系统进行扩充很方便；它不仅可在室内使用，还可在广阔的街区使用；它可在低速移动（不超过自行车车速）中使用，不仅能与现有通信网进行（呼出与呼入）双向通信，还能进行多媒体通信（数据通信与传真通信）；系统所用的可携电话机轻便小巧，成本低、通话音质好。

知识小链接

数据通信

数据通信是通信技术和计算机技术相结合而产生的一种新的通信方式。根据传输媒体的不同，数据通信分为有线数据通信与无线数据通信。但它们都是通过传输信道将数据终端与计算机连接起来，而使不同地点的数据终端实现软、硬件和信息资源的共享。

PHS系统由以下四部分组成：子机（移动站）、母机（基地站）、基地站控制设备（PHS转换器）、电话网。子机的外观与形状，与蜂窝移动电话手机

通信的革命

（"大哥大"）相仿，重量不到 200 克。它的输出功率仅为 10 毫瓦，是"大哥大"的 1%，因此功耗小，连续通话时间、待机时间是大哥大的 3～5 倍。

PHS 系统手机具有独特的功能：无需通过母机，子机之间可直接像对讲机一样呼叫，进行通话，这是蜂窝移动电话所不具备的。不过，由于输出功率只有 10 毫瓦，手机相互通话的距离即使在室外也不超过 200 米，一次通话时间不能超过 3 分钟，而且只能在同一系统所属的子机之间进行通话。

由于输出功率小，母机可以实现小型化，重量为 600 克左右，因此可以安放在隐蔽之处，例如柱子的后面，天花板内。PHS 系统采用 4 信道多重方式进行无线通信，因此一个母机可同时进行四个信道的通信。为了提高灵敏度，大多数母机配备具有动态自动切换功能的两根天线。在公众场合设置的母机，其输出功率最大可达 500 毫瓦，带有 24 个大型天线，以提高接收的灵敏度。

在现有通信网与母机之间所配置的基地站控制设备，装在架子上或机箱内，安放在电话交换机附近。此控制设备拥有若干台母机，可同时呼叫。而公众场合的大规模 PHS 系统，就需要配备若干个基地站控制装置。同时，在这些控制设备的上一级，要建立一个设备控制站。

PHS 系统一般可同现有模拟电话网连接起来进行通信，但是在向上一级数据库传送、接收数据时需要另设信号线。

在家庭内使用 PHS 手机的方法，与第一代无绳电话相仿，但是由于 PHS 采用数字方式通信，不仅话音音质好，而且不易被第三者窃听，这些性能是第一代无绳电话所不具备的。PHS 是一种适应多媒体时代需要的通信系统，子机不仅可作为 PHS 的终端使用，而且子机之间还可直接进行通话，因此人们把它推崇为"新时代无绳电话"。

在办公室环境中使用 PHS，具有与家庭内使用时相同的优点。它是与用户交换机（PBX）或集团电话结合起来使用的。在新建的系统里，一般已将它们组合在一起了；而在已配备 PBX 的情况下，只须把 PHS 附加在现有系统上就可以使用。即使是在办公室内使用时，仍然为 PHS 配备了转送功能，使得用户能边移动边通话。在会议室内，从电话一接通就可边走边谈；坐在办公室内查阅资料时，也可不中断通话。

在办公室和车间很分散的一个大型企业内，还可以利用漫游功能，在手机持有者所到之处的 PBX 中进行位置登记，于是呼入的电话都可以自动转接。

由于子机、母机在通话时都能对电波干扰加以自动检测并自动设法消除，因此，在话务量大的办公室密集区，也能确保通信畅通无阻。

PHS 还可用于公众通信，它也能像蜂窝电话一样进行移动通信。但由于 PHS 的无线输出功率小，相应地它的覆盖半径也小（100～300 米），再加上基地站控制设备比较简单，PHS 的越区转换时间较长，需 0.5～1 秒。所以当 PHS 手机以小汽车那样的高速移动时，就显得力不从心了。

> **拓展思考**
>
> **集团电话**
>
> 集团电话原始概念是程控电话交换机，至于交换原理简单说就是把通信点有效地连接起来。

由于利用了原有的电话交换网（PSTN），又简化了基地站控制设备及基地站，因而 PHS 系统的建设费用比蜂窝电话低得多。所以公众 PHS 的入网费、服务费大约仅是蜂窝电话的 1/3。PHS 的通话音质比频带高度压缩的数字蜂窝电话还要好，而且比数字蜂窝电话更适于进行数据通信。

当然 PHS 也有一些缺点。例如，由于 PHS 的覆盖半径小，故在同样大的区域内，需要设置更多的基地站，在话务量少的地区就不大合算了。此外，它不能进行高速移动通信，不过在这种情况下，只要与能在范围宽广区域内进行呼叫的寻呼通信、蜂窝电话配合使用，这一缺陷就能加以弥补。

我国政府部门已为 PHS 系统提供了相应的无线电频谱。亚洲与拉丁美洲等不少国家、地区正准备或已开始开展 PHS 系统的通信业务。新加坡、泰国、印尼、阿根廷、哥伦比亚、阿联酋、乌拉圭等国家的 PHS 商用系统已经开通。日本一些公司已开发出一些 PHS 系统手机，已具有收发电子函件及电子记事簿等高级信息处理的功能。它作为多媒体时代个人通信系统的一种得力工具，将有广阔的发展前景。

通信的革命

GSM 数字移动通信系统

模拟蜂窝移动通信业务自推出后发展非常迅速，但随着业务量的激增，在一些经济发达的国家和地区，其通信容量不足的缺点很快显露出来；同时，随着计算机和数据终端的广泛应用，非话数据通信业务需求日益增多，而模拟蜂窝通信网则无法满足这种需求。

因此，人们开始寻求一种通信容量更大并适合数据通信的新型移动通信系统，GSM 就是在此背景下诞生的。

◎ GSM 的发展过程

GSM 数字移动通信系统是由欧洲的主要电信运营商和制造商组成的标准化委员会设计的，以 TDMA（时分多址）+ FDMA（频分多址）的方式实现多用户的通信，容量较模拟蜂窝移动通信系统有了很大的提高。GSM 的管理者是欧洲电信标准协会（ETSI），这个组织不仅包括管理组织者，还包括工业界人士、用户团体和运营商，因此保证了每一次的技术更新都能有的放矢。

GSM 是在 1982 年提出标准的，到 1992 年，欧洲各大运营商开始提供 GSM900 服务。从 1990 年起，GSM 网络开始向欧洲以外的国家和地区扩展，成为迄今为止使用国家最多、用户最普及、设备供应商最多的移动通信系统。我国于 1993 年在浙江嘉兴开始兴建 GSM 实验网，1994 年 10 月中国联通开始建设 GSM 通信网，目前，GSM 已成为我国移动通信网络的主体，中国的 GSM 网络已是全世界最大的移动通信网络，为国家的经济发展做出了巨大贡献。

虽然 CDMA 和第三代移动通信系统等其他移动通信技术发展非常迅速，但是 GSM 已有的网络基础加上其本身技术的不断进步，可以预见，在未来的数年内，GSM 仍将保持世界移动通信领域的统治地位。

◎ GSM 的网络结构

与通常的移动通信系统一样，GSM 移动通信系统也由移动台子系统、基站子系统和交换子系统组成。GSM 系统还有运行子系统。下面分别予以介绍。

移动台子系统

移动台是与用户最为接近的子系统，也是用户最为熟悉的设备。它除了通过无线接口接入网络进行一般的无线处理外，还提供与用户的接口（如送话器、受话器、显示器和键盘）和与其他终端设备的接口（电脑接口、SIM 卡接口等）。移动台子系统包括移动设备（即手机）和 SIM 卡部分。SIM 卡除了用于信息存储外，还有保密功能，是用户识别、位置管理和通信保密的主要设备，几乎是所有通信（除应急通信）必需的部分。通过 SIM 卡进行用户识别和通信保密是 GSM 相对于模拟移动通信系统的一个重要革新。

基站子系统

基站子系统包括 GSM 无线蜂窝特有的基础设施。它一方面通过无线接口（包括在无线链路上的发送、接收及管理等设备）与移动台直接连接；另一方面与网络和交换子系统的交换机连接，同时，还与运行和维护子系统相连。基站子系统的传输设备是 BTS（基站收发台），负责与移动台联系；管理设备是 BSC（基站控制器），可以管理 10 多个 BTS，负责与其他设备联系。基站子系统将无线信号转换为有线信号并交给交换子系统处理。

交换子系统

交换子系统完成 GSM 的主要交换功能，由 MSC（移动交换中心）、HLR（归属位置寄存器）、VLR（访问位置寄存器）、GMSC（网关移动交换中心）组成，共同管理 GSM 用户与其他电信网络用户之间的通信，并管理用户数据和移动性所需的数据库。

> **你知道吗**
> **交换子系统**
> 交换子系统用于提供公共电话移动网络连接的可能性，同时交换子系统对用户提供认证、加密、搜索、漫游、定位等服务。

运行子系统

运行子系统由OMC（操作维护中心）、计费中心、EIR（设备识别寄存器）等组成，完成整个系统的运行管理。

◎ GSM的业务功能

GSM数字移动通信系统能提供多种不同类型的业务，基本上可以分为电话业务和数字业务（也称非话业务）。前者传输的是音频范围的语音信号；后者传输的是话音以外的其他信号，如文字、图像、传真、计算机文件等，其典型应用是短消息业务。

电话业务

GSM为系统用户和其他所有与其联网的用户提供双向话音通信。电话业务是目前为止数字移动通信系统最重要的业务。电话业务还引申出语音信箱业务，这在一定程度上提高了网络效率，为用户带来了方便。

数字业务

GSM系统设计之初，就是按照ISDN（综合业务数字网）的模式计划提供各种数字业务的，因此，现行的GSM系统基本上包含了大部分为固定电话用户和ISDN用户提供的数字业务。GSM系统还可以接入其他网络，如分组交换数据网，从而得到这些网络提供的数据业务。GPRS（通用分组无线业务）正是这种应用的最好体现，现在它被称作2.5代移动通信技术，最大传输速率可达170千比特/秒左右，应用广泛。目前，最新的GSM技术已经将数据传输速率提高到384千比特/秒，达到第三代移动通信系统的基本速率，可以传送动态画面。

短消息业务

点对点短消息传送是GSM首创的数字业务，使得用户可以发出或接收有一定长度限制的数字或文字信息。虽然这一业务与寻呼业务相似，但它具有双向通信能力，网络终端可以知道被叫方是否已经收到短消息，甚至可以将其通知给主叫方。短消息如果遇信道拥塞或系统忙而导致传送失败，GSM 系统会在一定时间内保留短消息并自动重发，直到被叫方收到。收发短消息使用的是空闲信道，所以运营商可以以很低的成本提供这一业务，相应地，用户使用费也很低。短消息已经成为 GSM 系统提供的一个十分重要的业务。时下非常流行的彩信业务是短消息业务的发展，在网络和特定功能的手机支持下，可以传送彩色照片等多媒体业务。

补充业务

补充业务主要指允许用户按照自己的需要改变网络对其呼入和呼出的处理，或者网络通过提供某一种信息让用户能够智能化地利用一些常规业务，如呼叫转移、呼叫限制、多方通话、闭合用户群等。

> **基本小知识**
>
> **呼叫转移**
>
> 呼叫转移是指当客户不能接听电话时，可把来电转移到客户预先设定的前转号码（如留言信箱、秘书台、移动电话、固定电话）上的业务。

◎ GSM 主要信道

GSM 系统在每个小区使用 8 个频点，每个频点分为 8 个时隙，这样每个小区有 64 个信道，其主要信道分为专用信道和公用信道，分配在每个小区的 64 个信道中。专用信道有 TCH（业务信道）、SACCH（慢速辅助控制信道）和 SDCCH（独立专用控制信道）；公用信道有 FCCH（频率校正信道）、SCH（同步信道）、BCCH（广播控制信道）、PCH（寻呼信道）、AGCH（允许接入信道）和 RACH（随机接入信道）。

TCH 是 GSM 业务的承载信道，又可分为 TCH/

GSM 通信

F、TCH/H 和 TCH/8，分别对应不同速率的业务。SACCH 用于移动台和基站之间一些特定信令的传输。SDCCH 传输移动台与基站之间的连接和信道分配的信令，起控制作用。每个蜂窝都有一个 BCCH，用于广播与这个蜂窝小区相关的所有信息，供处于空闲模式的手机进行侦听，它是一个基站发出的下行单向信道。SCH 和 FCCH 是移动台与基站保持通信同步的公用信道，根据系统情况可以与 BCCH 合在一个信道中。PCH 和 AGCH 也可合称为 PAGCH，基站通过广播寻呼消息通知移动台对它的呼叫已经建立，包括来自移动台的申请和来自基站的应答，也是单向下行信道。RACH 是移动台将接入申请传给网络的单向上行信道。

> **趣味点击　移动台**
>
> 移动台是移动通信网中移动用户使用的设备，可以分为车载型、便携型和手持型，其中手持型俗称"手机"。

◎ GSM 的通信过程

开机

移动台完成开机需要经过下列过程：移动台读取 SIM 卡中的用户数据，并将数据发送给最近的基站；基站收到数据后，根据手机的 IMSI（国际移动台识别号码）向其归属地的 HLR 进行查询。如果属于正常用户，就分配给移动台一个 TMSI（临时移动台识别号码），如果移动台处于漫游状态，则在其 VLR 中同时进行位置登记，即完成开机过程。

待机

每个移动台在开机后都处于待机过程。在这个过程中，系统根据移动台的情况，完成越区切换和新的位置登记，如果需要，还将分配新的 TMSI 号码，保持移动台与最近的基站子系统的联系，并不断通过 BCCH 通知移动台其所在小区的信道情况。移动台通过接收 SCH 和 FCCH 的信息，保持与基站通信的同步。在待机过程中，移动台不占用信道资源。

呼出

用户在移动台上完成呼叫号码的输入并开始发送时，呼出过程开始。移动台首先通过 RACH 发送接入请求给基站，基站子系统根据 BCCH 发布的信道信息为移动台分配一个最为合适的 TCH，通过 PAGCH 信道通知移动台，同时通过系统的协调完成需要的区域切换过程，保证信道连续性。在信道分配完成后，将呼出的号码通过交换子系统接入公共电话网络，通过这个网络建立呼叫，为用户提供话音服务。

呼入

系统在收到对某个移动台的呼叫请求后，首先通过查询 HLR 和 VLR 找到移动台所在的小区，然后由基站根据 BCCH 的信道分配情况给移动台分配一个合适的信道，并通过 PAGCH 通知移动台建立信道，再通过这个信道将振铃信息传递给移动台，移动台用户摘机后，呼入建立成功。

CDMA 数字移动通信系统

CDMA 移动通信系统被称为是新一代移动通信系统，其技术新颖、性能优越，显示出巨大的发展潜力。

CDMA 是"码分多址"数字无线通信技术的英文缩写（Code Division Multiple Access），它是在数字技术的分支——扩频通信技术上发展起来的一种崭新的无线通信技术。最初它在军事抗干扰通信中应用，现已经在北美洲、南美洲、欧洲、亚洲、非洲、大洋洲得到广泛推广和应用。其中 CDMA 已经成为美国移动通信公司的首选，韩国已有 60% 的人口成为 CDMA 用户。目前，全球的 CDMA 用户已经超过 1 亿户。国际电信联盟（ITU）已将 CDMA 定为未来移动电话的统一标准，希望加快发展，实现"一机一号"，畅通世界的理想。

我国为什么要发展 CDMA 移动通信呢？码分多址移动通信技术（CDMA）被称为第三代移动通信技术，相对于第一代移动通信技术（模拟移动通信）

通信的革命

和第二代移动通信技术（GSM 数字移动通信技术），技术上有很大进步。主要表现在：

（1）CDMA 信号使用整个频段，几乎是普通窄带调制效率的 7 倍，从综合情况衡量，对于相同的带宽，CDMA 系统的容量要比模拟系统大 10 倍，比 GSM 系统容量要大 4～5 倍。CDMA 具有自扰系统功能，可以对话务量和话音干扰噪声进行平衡，从而可以在保证通话质量的同时，尽可能多地容纳用户。CDMA 基站覆盖是"单覆盖—双覆盖—单覆盖"，手机从一个基站覆盖范围漫游到另一个基站覆盖范围时，系统将信号自动切换到相邻的较为空闲的基站上，而且是在确认信号已经到达相邻基站覆盖区时，才与原基站断开。这些技术使 CDMA 不仅容量大，接通率高，而且不易掉话。

（2）CDMA 采用了先进的数字话音编码技术，相当于使用多个接收机同时接收和合成不同方向来的声音信号。CDMA 的声码器可以动态地使用高速数据传输速率，并根据适当的门限值选择不同的电平级发射。同时，门限值会根据背景噪声的改变而改变。这样，既可以使声音逼真，又可以保证在通话背景噪声较大的情况下，获得较好的通话质量。

（3）保密性强。CDMA 码址是伪随机码，共有 4.4 万种可能的排列。在这样的情况下，要破解密码，窃听通话是极为困难的。

（4）电磁辐射小，有"绿色手机"的称谓。由于 CDMA 系统采用了随机接入机制和快速的功率控制、软切换、语音激活等先进技术以及 CDMA 技术规范（IS-95），对手机最大发射功率进行了限制，因此 CDMA 手机在实际通信过程中发射功率很小，电磁波辐射很低。同时，也不产生低频脉冲电磁波。最近，有关技术机构在北京进行的试行测试证明，CDMA 手机的平均发射功率，仅仅相当于 GSM 手机等效发射功率的 1.78%。

CDMA 通信

> **知识小链接**
>
> **软切换**
>
> 软切换指在导频信道的载波频率相同的时候小区之间的信道切换。在切换过程中，移动用户与原基站和新基站都保持通信链路，只有当移动台在新的小区建立稳定通信后，才断开与原基站的联系。

（5）节能。CDMA 采用功率控制和可变速率声码器技术，通话功率低，可以控制在零点几毫瓦范围，正常工作功率小，能源消耗也小，手机电池使用的时间自然也就长。

◎ Q-CDMA 和 W-CDMA

Q-CDMA 又称窄带码分多址技术，W-CDMA 又称宽带码分多址技术，是目前世界上的两种不同种类的 CDMA 技术。

Q-CDMA 技术是高通（Qualcomm）公司于 1989 年首先提出的，因此被称为 Q-CDMA。该公司提出了采用 CDMA 技术的移动通信系统，其空中接口的容量大约是模拟移动通信系统容量的 20 倍。1993 年，它被接纳为北美数字蜂窝通信系统的标准，编号是 IS-95。这种系统研制的重点是提高移动通信系统的容量，并且考虑到与模拟通信系统兼容的问题。它的信道最高传输速率是 14.4 千比特/秒，以话音通信为主。因此这种系统又称为窄带码分多址或 Q-CDMA 系统。

W-CDMA 是 InterDigital 公司首先提出的，目的是为了适应个人通信业务（PCS）的需要。1991 年开始了 B-CDMA（宽带 CDMA）的实验，射频带宽有 5 兆赫、10 兆赫、15 兆赫 三种方案，其中 5 兆赫的方案能支持最高速率为 64 千比特/秒的数据和 3 千比特/秒的话音传输。10 兆赫和 15 兆赫系统为扩展系统。W-CDMA 系统可以在现有的蜂窝频带内重叠覆盖，也可以用于新的个人通信业务频段。

1993 年，InterDigital 公司正式提出了 B-CDMA 的技术文件，1995 年经审议通过后成为北美蜂窝移动通信的标准，系列编号为 IS-665。在 IS-665 文件中，原来的 B-CDMA 被称为 W-CDMA，从此就有了 Q-CDMA 和 W-

通信的革命

CDMA 两种流派，分别以 IS-95 和 IS-665 两种标准各树一帜，加速了 CDMA 技术的发展。

W-CDMA 由于宽带特性的固有优势，频谱利用率高于 Q-CDMA 系统。在传送话音时大约是 Q-CDMA 的两倍，传送数据时可能还要高些。目前 W-CDMA 系统已能提供 64 千比特/秒和更高些的数据传输速率。新的 W-CDMA 系统传输速率为 384 千比特/秒，将能提供话音、传真、电子函件、录像等多种业务，最终将达到 2 兆比特/秒的传输速率，能适应多媒体通信的需要，实现能支持多媒体通信需要的蜂窝移动通信系统。

基本小知识

频 谱

复杂振荡分解为振幅不同和频率不同的谐振荡，这些谐振荡的幅值按频率排列的图形叫作频谱。它广泛应用在声学、光学和无线电技术等方面。

变幻无穷的跳频电话

1895 年，与爱迪生齐名的意大利发明家马可尼发明了无线电通信，将电波撒向全世界。如今，人们几乎每时每刻都在享用无线电波的恩惠。

无线电通信发明至今，已 100 多年了，在相当一段时间内，无线电话通信在完成每次信息传递过程中，工作频率通常是不变的，只是在受到干扰或因时间、季节变化时，收发双方才会改变到预先约定的另一个工作频率上，这种通信体制称作固频通信。在复杂的电磁环境中，固频通信正受到严重的挑战。由于无线电波是沿空间传播，通话时，除了自己的通信对象能收到外，其他各方（包括敌方）也能接收到。敌方还可使用无线电测向仪，侦察我方电台的位置，对我通话施加电子干扰，或用火力将我方电台摧毁。因此，提高无线电台在现代战争中的生存抗毁能力，成了科学家们孜孜以求的目标。

科学家们也许受到我国《封神演义》中"藏天乙之妙，变幻莫测"的启发，让无线电话通信频率工作时，不时地进行奇异而不规则的跳变，这就是跳频电话。根据频率跳变的速率不同，跳频电话通常分慢跳式、中跳式和快跳式三种。一般来说，低于 100 次/秒的为慢跳，高于 1000 次/秒以上的为快跳，介于两者之间的为中跳。根据目前的技术水平，现在的跳频电话通信大都属于慢跳和中跳范围。跳频电话通常工作在超短波波段，它和一般无线电话的不同之处，主要集中在"跳"和"解跳"两个环节上。在发话端，通过一个受伪随机码控制、学名叫"频率合成器"的部件，使携带话音的信号频率按照一定的规则来回产生跳变，再经放大后发射出去。到了受话端，通过一种"解跳"设备将话音重新提取出来。

进行跳频电话通信的关键，是实现收发双方频率的同步跳变。一般实现同步跳变的方法是：发方在开通信道的过程中，同时向收方发送同步信号，相当于队列前进时，指挥员喊"一、二、一"口令那样。收方按照所收到的同步信号控制"解跳"设备工作。在同步信号严格有序的控制下，收发双方虽遥隔两地，却配合得十分默契，在步调上不差一丝一毫。跳频电话通信具有一般无线电话通信所无法比拟的优点。由于跳频电话的工作频率是不断改变的，敌方要想侦察和窃获如同大海捞针一样

跳频电话

困难。即便是万一被窃获，也仅仅是瞬时信息，不影响大局，因而具有很强的保密性。跳频电话由于工作频率的跳变规律是随机的，敌方要想实施干扰非常困难。敌方如果采用瞄准式干扰，在某一瞬间充其量只能干扰我某一个信号频率，不影响对整个话音的传输。如果采用全频段阻塞式干扰，则要消耗巨大的电功率，而且往往"搬起石头砸自己的脚"，影响了自己通信。由于跳频电话的瞬时频率稍纵即逝，敌方也不便于对我实施跟踪式干扰，因为采用跟踪干扰技术难度很大。

通信的革命

在现代战争中，跳频电话得到了广泛应用。海湾战争多国部队取得胜利的一个重要原因，就是使用了性能优良的跳频电台。战争初期，美军主要依靠曾在越南战争期间使用的普通无线电台，受到了伊军的干扰，通信很不顺畅，而且容易受到友军和己方电台的影响。后来改用了一大批跳频电台，确保了通信联络的顺畅。军事专家们预测，跳频电话是一种很有发展前途的现代通信方式，可望成为21世纪军事通信中的佼佼者。

个人通信全球化

◎ 个人通信全球化的概念

所谓的个人通信就是任何用户在任何时间、任何地方与任何人进行任何方式（如语音、数据、图像）的通信。从某种意义上来说，这种通信可以实现真正意义上的自由通信，它是人类的理想通信，是通信发展的最高目标。

个人通信网是在宽带综合业务数字网的基础上，把移动通信网和固定公众通信网有机地结合起来，一步步演进形成为所有个人提供多媒体业务的智能型宽带全球性信息网。个人通信技术的核心是通过数据的数字化——不管这些数据是话音、文本还是原始的计算机数据——来提供传输服务。个人通信技术能够将种种不同的数据类型交织成一条传输序列，因此能够同时传输话音和数据。

◎ 个人通信全球化的特点

个人通信使用户彻底摆脱终端的束缚，以人作为通信对象。它不仅能提供终端的移动性，而且还可提供个人的移动性，打破传统网络中用户、终端、网络接口一一对应的关系，采用与网络无关的唯一的个人通信号码，随时随地建立和维持有效通信。个人通信可以提供许多实用和先进的功能，例如可扩展的话音服务、寻呼服务、高速传输数据服务、传真服务、短信息服务以及数据调制解调服务。个人通信服务不仅功能强大，使用方便，而且价格便宜，它比传统的蜂窝服务价格至少便宜一半以上，因此个人通信将是非常具有吸引力的。

◎ 个人通信全球化的组成

从网络结构看，为实现个人通信业务功能，个人通信网络结构可分成接入层、宽带运送层、智能层。接入层是用户进入网络的通道，它可处理各种各样的用户终端，如为了能向固定用户和移动用户提供服务，接入层同时具备有线与无线接入通道；传输层主要由公共交换电话网（PSTN）或综合业务数字网（ISDN）构成，负责转换和传送用户信息和信令。随着 B–ISDN 的发展，传输层将能提供高速数据的图像类业务，以实现多媒体通信；智能层包含个人数据库、管理控制和业务控制节点，主要功能是进行网络管理与业务控制，另外还可进行故障的自诊。

通信的革命

计算机与数据通信

通信与计算机的结合及它们在技术上向同一方向发展，使通信发生了划时代的变化，产生了比传统的模拟通信优越得多的数字通信。

由于计算机本身是处理数据的，因此数据通信与计算机网络的结合已成为一种必然趋势，也正是由于这两种技术的融合发展，数据通信才成为一种被广泛应用的通信手段。

本章会带领大家继续遨游在通信技术的海洋！

通信的革命

"第三种通信方式"——数据通信

　　一个人可以给地球上的另一个人打电话、拍电报，这便是传统的电话通信和电报通信给人们带来的方便。自从计算机发明之后，人们很快便提出了这样尖锐的问题。人能不能与计算机（机器）通信，实现对计算机的远距离操作？计算机和计算机（即机器对机器）之间能否通信，以实现计算机资源的共享？在这种客观需要下，20世纪50年代末，一种叫作数据通信的通信方式诞生了。

　　数据通信是人与计算机之间，或计算机与计算机之间的通信。它是继电报、电话之后出现的第三种通信方式。

　　下面我们通过让远地的计算机帮助我们进行科学计算作为例子，说明数据通信是怎样进行的。

　　让远地的计算机帮助算题，首先要把解题的步骤编成程序，连同原始数据一起输入你身边的数据终端机；在那里，这些数据被变成计算机可以处理的电信号，经过通信电路被传送到远地的计算机。这个过程就叫作数据传输。信号传到远处的计算机之后，计算机就按照你的"命令"（程序）进行运算和处理，直到算出结果来。这个过程叫作数据处理。计算结果要回送给你的数据终端设备，并在显示器上显示出来，或者通过打印机打印出来。这就是数据通信的整个过程。可以说，数据通信主要是完成数据传输和数据处理两项任务。有了数据通信后，一些远离计算机的人也能使用计算机了。由于计算机特别是大型计算机处理数据的能力很强，可以同时为很多用户服务，所以利用数据通信可以使多个用户共同利用计算机和它的软件、数据库，实现所谓的"资源共享"。

　　世界上第一个数据通信系统是美国1958年建立的军用系统。50多年来，数据通信不仅从军用走向民用，而且由于用简单的计算机语言可以实现人机对话，因此数据通信逐渐为一般人所利用，成为实现办公自动化的一种重要手段。

> **知识小链接**
>
> **办公自动化**
>
> 办公自动化是将现代化办公和计算机网络功能结合起来的一种新型的办公方式。办公自动化没有统一的定义,凡是在传统的办公室中采用各种新技术、新机器、新设备从事办公业务,都属于办公自动化的领域。

目前,除了在通信领域的应用之外,它还在银行窗口服务、销售管理服务、资料检索服务等方面获得广泛应用。

计算机网络及其功能

计算机网络,是指将地理位置不同的具有独立功能的多台计算机及其外部设备,通过通信线路连接起来,在网络操作系统、网络管理软件及网络通信协议的管理和协调下,实现资源共享和信息传递的计算机系统。

计算机网络的功能主要表现在硬件资源共享、软件资源共享和用户间信息交换三个方面。

(1)硬件资源共享。可以在全网范围内提供对处理资源、存储资源、输入输出资源等昂贵设备的共享,使用户节省投资,也便于集中管理和均衡分担负荷。

(2)软件资源共享。允许互联网上的用户远程访问各类大型数据库,可以得到网络文件传送服务、远地进程管理服务和远程文件访问服务,从而避免软件研制上的重复劳动以及数据资源的重复存储,也便于集中管理。

(3)用户间信息交换。计算机网络为分布在各地的用户提供了强有力的通信手段。用户可以通过计算机网络传送电子邮件、发布新闻消息和进行电子商务活动。

通信的革命

计算机网络的发展

计算机网络的发展经历了第一代计算机网络——远程终端联机阶段，第二代计算机网络——计算机网络阶段（分组交换），第三代计算机网络——计算机网络互联阶段，第四代计算机网络——国际互联网阶段。

◎ 远程终端联机阶段

计算机网络的发展可以追溯到 20 世纪 50 年代。那时人们开始将彼此独立发展的计算机技术与通信技术结合起来，完成了数据通信与计算机通信网络的研究，为计算机网络的出现做好了技术准备，奠定了理论基础。

◎ 计算机网络阶段（分组交换）

20 世纪 60 年代，美苏冷战期间，美国国防部领导的远景研究规划局 ARPA 提出要研制一种崭新的网络对付来自前苏联的核攻击威胁。因为当时，传统的电路交换的电信网虽已经四通八达，但战争期间，一旦正在通信的电路有一个交换机或链路被炸，则整个通信电路就要中断，如要立即改用其他迂回电路，还必须重新拨号建立连接，这将要延误一些时间。

这个新型网络必须满足一些基本要求：

（1）不是为了打电话，而是用于计算机之间的数据传送。

（2）能连接不同类型的计算机。

（3）所有的网络节点都同等重要，这就大大提高了网络的生存性。

（4）计算机在通信时，必须有迂回路由。当链路或结点被破坏时，迂回路由能使正在进行的通信自动地找到合适的路由。

（5）网络结构要尽可能地简单，但要非常可靠地传送数据。

根据这些要求，一批专家设计出了使用分组交换的新型计算机网络。而且，用电路交换来传送计算机数据，其线路的传输速率往往很低。因为计算机数据是突发式地出现在传输线路上的，比如，当用户阅读终端屏幕上的信息或用键盘输入和编辑一份文件时或计算机正在进行处理而结果尚未返回时，宝贵的通信线路资源就被浪费了。

分组交换是采用存储转发技术。把欲发送的报文分成一个个的"分组"，在网络中传送。"分组"首先是重要的控制信息，因此分组交换的特征是基于标记的。分组交换网由若干个结点交换机和连接这些交换机的链路组成。从概念上讲，一个结点交换机就是一个小型计算机，但主机是为用户进行信息处理的，结点交换机是进行分组交换的。每个结点交换机都有两组端口，一组是与计算机相连，链路的速率较低。一组是与高速链路和网络中的其他结点交换机相连。注意，既然结点交换机是计算机，那输入和输出端口之间是没有直接连线的，它的处理过程是：将收到的"分组"先放入缓存，结点交换机暂存的是短"分组"，而不是长报文，短"分组"暂存在交换机的存储器（即内存）中而不是存储在磁盘中，这就保证了较高的交换速率。再查找转发表，找出到某个目的地址应从哪个端口转发，然后由交换机构将该"分组"递给适当的端口转发出去。各结点交换机之间也要经常交换路由信息，但这是为了进行路由选择。当某段链路的通信量太大或中断时，结点交换机中运行的路由选择协议能自动找到其他路径转发"分组"，通信线路资源利用率提高。当"分组"在某链路时，其他段的通信链路并不被目前通信的双方所占用，即使是这段链路，只有当"分组"在此链路传送时才被占用，在各"分组"传送之间的空闲时间，该链路仍可被其他主机发送"分组"。可见采用存储转发的分组交换的实质是采用了在数据通信的过程中动态分配传输带宽的策略。

◎ 计算机网络互联阶段

为了使不同体系结构的计算机网络都能互联，国际标准化组织 ISO 提出了一个能使各种计算机在世界范围内互联成网的标准框架——开放系统互联基本参考模型 OSI。这样，只要遵循 OSI 标准，一个系统就可以和位于世界上任何地方的、也遵循同一标准的其他任何系统进行通信。

◎ 国际互联网时代

国际互联网的基础结构大体经历了三个阶段的演进，这三个阶段在时间

通信的革命

上有部分重叠。

趣味点击　国际互联网

国际互联网是一组全球信息资源的总汇。有一种粗略的说法，认为国际互联网是由许多小的网络（子网）互联而成的一个逻辑网，每个子网中连接着若干台计算机（主机）。国际互联网以相互交流信息资源为目的，基于一些共同的协议，并通过许多路由器和公共互联网而形成，它是一个信息资源和资源共享的集合。

（1）从单个网络ARPAnet向国际互联网发展：1969年美国国防部创建的第一个分组交换网ARPAnet只是一个单个的分组交换网，所有想连接它的主机都直接与就近的结点交换机相连，它规模增长很快，到20世纪70年代中期，人们认识到仅使用一个单独的网络无法满足所有的通信需要。于是人们开始研究很多网络互联的技术，这就促进了后来的国际互联网的出现。1983年TCP/IP协议成为ARPAnet的标准协议。同年，ARPAnet分解成两个网络，一个进行实验研究用的科研网ARPAnet，另一个是军用的计算机网络MILnet。1990年，ARPAnet试验任务完成正式宣布关闭。

（2）建立三级结构的国际互联网：1985年起，美国国家科学基金会（NSF）就认识到计算机网络对科学研究的重要性。1986年，NSF围绕六个大型计算机中心建设计算机网络NSFnet，它是个三级网络，分主干网、地区网、校园网。1990年，NFSnet代替ARPAnet成为国际互联网的主要部分。1991年，NSF和美国政府认识到国际互联网不会仅限于大学和研究机构，于是支持地方网络接入，许多公司纷纷加入，使网络的信息量急剧增加，美国政府就决定将国际互联网的主干网转交给私人公司经营，并开始对接入国际互联网的单位收费。

（3）多级结构国际互联网的形成：1993年开始，美国政府资助的NSFnet就逐渐被若干个商用的国际互联网主干网替代，这种主干网也叫国际互联网辅助提供者（ISP）。考虑到国际互联网商用化后可能出现很多的ISP，为了使不同ISP经营的网络能够互通，在1994美国创建了四个网络接入点（NAP），分别由四个电信公司经营。NAP是最高级的接入点，它主要是向不同的ISP提供交换设备，使它们相互通信。现在的国际互联网已经很难对其网络结构给出很精细的描述，但大致可分为五个接入级：第一级是网络接入点（NAP），第二级是由多个公司经营的国家主干网，第三级是地区 ISP，第四级是本地 ISP，第五级是校园网、企业或家庭个人计算机上网用户。

> **知识小链接**
>
> **校园网**
>
> 校园网是为学校师生提供教学、科研和综合信息服务的宽带多媒体网络。

▶ 计算机网络的组成及分类

计算机网络通俗地讲就是由多台计算机（或其他计算机网络设备）通过传输介质和软件物理（或逻辑）连接在一起组成的。总的来说计算机网络的组成基本上包括：计算机、网络操作系统、传输介质（可以是有形的，也可以是无形的，如无线网络的传输介质就是空气）以及相应的应用软件四部分。

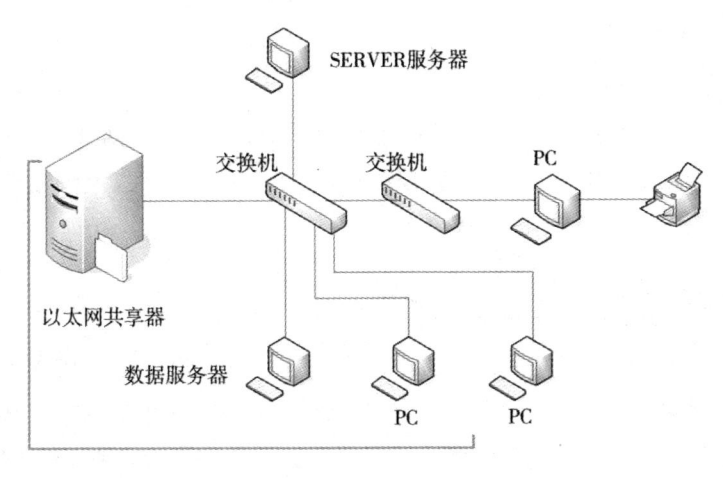

计算机网络图

要学习网络，首先就要了解目前的主要网络类型，分清哪些是我们初级学者必须掌握的，哪些是目前的主流网络类型。

虽然网络类型的划分标准各种各样，但是从地理范围划分是一种大家都认可的通用网络划分标准。按这种标准可以把各种网络类型划分为局域网、城域网、广域网和互联网四种。局域网一般来说只能是一个较小区域内，城域网是不同地区的网络互联，不过在此要说明的一点就是这里的网络划分并没有严格意义上地理范围的区分，只能是一个定性的概念。下面简要介绍这几种计算机网络。

◎ 局域网

局域网（LAN）是我们最常见、应用最广的一种网络。现在局域网随着整个计算机网络技术的发展和提高得到了充分的应用和普及，几乎每个单位都有自己的局域网，有的甚至家庭中都有自己的小型局域网。很明显，所谓局域网，那就是在局部地区范围内的网络，它所覆盖的地区范围较小。局域网在计算机数量配置上没有太多的限制，少的可以只有2台，多的可达几百台。一般来说在企业局域网中，工作站的数量在几十台到200台。在网络所涉及的地理距离上一般来说可以是几米至10千米。局域网一般位于一个建筑物或一个单位内，不存在寻径问题，不包括网络层的应用。

这种网络的特点就是：连接范围窄、用户数量少、配置容易、连接速率高。目前局域网最快的速率要算现今的10G以太网了。IEEE的802标准委员会定义了多种主要的局域网：以太网（Ethernet）、令牌环网（Token Ring）、光纤分布式接口网络（FDDI）、异步传输模式网（ATM）以及最新的无线局域网（WLAN）。

◎ 城域网

这种网络一般来说是在一个城市，但不在同一地理小区范围内的计算机互联。这种网络的连接距离可以在10～100千米，它采用的是IEEE 802.6标准。城域网（MAN）与局域网相比扩展的距离更长，连接的计算机数量更多，在地理范围上可以说是局域网网络的延伸。在大型城市，一个城域网通常连接着多个局域网。如连接政府机构的局域网、医院的局域网、电信的局域网、公司企业的局域网等。由于光纤连接的引入,使城域网中高速的局域网互连成为可能。

城域网多采用ATM技术做骨干网。ATM是一个用于数据、语音、视频以及多媒体应用程序的高速网络传输方法。ATM包括一个接口和一个协议,该协议能够在一个常规的传输信道上,在比特率不变及变化的通信量之间进行切换。ATM也包括硬件、软件以及与ATM协议标准一致的介质。ATM提供一个可伸缩的主干基础设施,以便能够适应不同规模、速度以及寻址技术的网络。ATM的最大缺点就是成本太高,所以一般在政府城域网中应用,如邮政、银行、医院等。

◎ 广域网

广域网(WAN)也称为远程网,所覆盖的范围比城域网更广,它一般是与在不同城市之间的局域网或者城域网网络互联,地理范围可从几百千米到几千千米。因为距离较远,信息衰减比较严重,所以这种网络一般是要租用专线,通过IMP(接口信息处理)协议和线路连接起来,构成网状结构,解决寻径问题。这种广域网因为所连接的用户多,总出口带宽有限,所以用户的终端连接速率一般较低。

◎ 国际互联网

国际互联网因其英文单词"Internet"的谐音,又称为"因特网"。在国际互联网应用如此广泛的今天,它已是我们每天都要打交道的一种网络。无论从地理范围,还是从网络规模来讲它都是最大的一种网络。从地理范围来说,它可以是全球计算机的互联,这种网络的最大特点就是不确定性,整个网络的计算机每时每刻随着人们网络的接入在不断地变化。当您连在国际互联网上的时候,您的计算机可以算是国际互联网的一部分,但一旦当您断开国际互联网的连接时,您的计算机就不属于国际互联网了。但它的优点也是非常明显的,就是信息量大、传播广,无论你身处何地,只要连上国际互联网你就可以对任何联网用户发出你的信函和广告。因为这种网络的复杂性,所以这种网络实现的技术也是非常复杂的。

通信的革命

◎ 无线网

随着笔记本电脑（notebook computer）和个人数字助理（Personal Digital Assistant，PDA）等便携式计算机的日益普及和发展，人们经常要在路途中接听电话，发送传真和电子邮件，阅读网上信息以及登录到远程机器等。然而在汽车或飞机上是不可能通过有线介质与单位的网络相连接的，这时候就可能会对无线网感兴趣了。虽然无线网与移动通信经常是联系在一起的，但这两个概念并不完全相同。例如，当便携式计算机通过PCMCIA（个人计算机内存卡国际联合会）卡接入电话插口，它就变成有线网的一部分。另一方面，有些通过无线网连接起来的计算机的位置可能又是固定不变的，如在不便于通过有线电缆连接的大楼之间就可以通过无线网将两栋大楼内的计算机连接在一起。

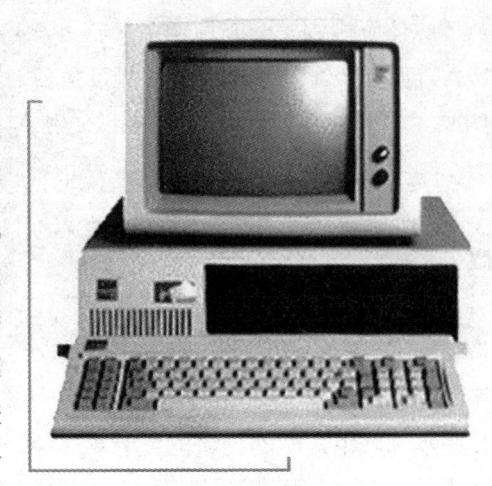

早期的计算机

基本小知识

个人数字助理

个人数字助理是一种手持式电子设备，具有电子计算机的某些功能，可以用来管理个人信息，也可以上网浏览，收发电子邮件等。它一般不配备键盘，俗称掌上电脑。

无线网特别是无线局域网有很多优点，如易于安装和使用。但无线局域网也有许多不足之处：如它的数据传输率一般比较低，并且远低于有线局域网；另外无线局域网的误码率也比较高，而且站点之间相互干扰比较厉害。用户无线网的实现有不同的方法。国外的某些大学在它们的校园内安装许多天线，允许学生们坐在树底下查看图书馆的资料。这种情况是通过两个计算机之间直接通过无线局域网以数字方式进行通信实现的。另一种可能的方式是利用传统的模拟调制解调器通过蜂窝电话系统进行通信。目前在国外的许多城市已能提供蜂窝式数字信息分组数据（Cellular Digital Packet Data，CDPD）的业务，因而可以通过 CDPD 系统直接建立无线局域网。无线网络是当前国内外的研究热点，无线网络的研究是由巨大的市场需求驱动的。无线网的特点是使用户可以在任何时间、任何地点接入计算机网络，而这一特性使其具有强大的应用前景。当前已经出现了许多基于无线网络的产品，如个人通信系统（Personal Communication System，PCS）、无线数据终端、便携式可视电话、个人数字助理（PDA）等。无线网络的发展依赖于无线通信技术的支持。目前无线通信系统主要有低功率的无绳电话系统、模拟蜂窝系统、数字蜂窝系统、移动卫星系统、无线局域网和无线广域网等。

数据通信的基本知识

数据通信是通信技术和计算机技术相结合而产生的一种新的通信方式。要在两地间传输信息必须有传输信道，根据传输媒体的不同，分为有线数据通信与无线数据通信。但它们都是通过传输信道将数据终端与计算机连接起来，而使不同地点的数据终端实现软、硬件和信息资源的共享。

◎ 数据通信的发展

第一阶段：以语言为主，通过人力、马力、烽火等原始手段传递信息。
第二阶段：文字、邮政。（增加了信息传播的手段）
第三阶段：印刷。（扩大信息传播范围）
第四阶段：电报、电话、广播。（进入电气时代）
第五阶段：信息时代，除语言信息外，还有数据、图像、文本等。

◎ 五种基本的数据通信系统

脱机数据传输是简单地利用电话或类似的链路来传输数据，不包括计算机系统。这样一条链路两端所使用的设备不是计算机的部件，或至少不是立

通信的革命

刻把数据提供给计算机处理，即数据在发送或接收时是脱机的。这种数据通信相对来说比较便宜和简单。

"远程批处理"一词适用于这样一种方法：采用数据通信技术来使数据的输入和输出在地理上远离按批处理模式处理它们的计算机。

联机数据收集指的是用数据通信技术来向计算机即时提供刚产生的输入数据这种方法。数据于是存储在计算机里（比如磁盘上），并按预定时间间隔或者根据需要进行处理。

询问-应答系统，顾名思义，是为用户提供从计算机提取信息的功能。询问功能是被动的。也就是说，它不修改所存储的信息。提问可以很简单，例如："检索雇员号码为1234的记录"；也可以是复杂的。这类系统可能要使用能产生硬拷贝和（或）可视显示的终端。

实时系统是这样一类系统，其中计算机系统是在动态情况下取得和处理信息，以便可使计算机采取动作来影响正在发生的事件（比如在过程控制应用中）或者可通过存储在计算机里的准确且不断更新的信息来影响人（操作员），比如在预售系统中。

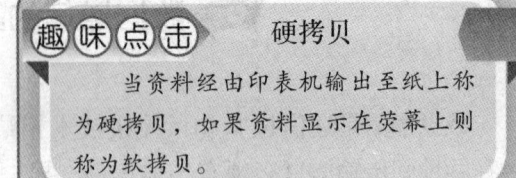

> **趣味点击　　硬拷贝**
> 当资料经由印表机输出至纸上称为硬拷贝，如果资料显示在荧幕上则称为软拷贝。

模拟信号与数字信号

如果你向平静的池塘中投一块小石子，水面上便会激起一圈一圈的水波，延绵起伏，向外传播。这就是我们常见的波动现象。声音也是一种波，我们能听得到，但是看不见。如果要把它表示出来，也是一条绵延起伏的波动线。不同的声音有不同的波动线。在信息技术中，一般是把声音信号转换成电信号来传播的。用话筒这类声电转换设备转换成的电信号，表示出来也是一条波动线，而且是同声音信号波动线几乎一模一样的波动线。这样的电信号被接受方收到后，再由扬声器转回成声音。这种转换方式称作模拟方式，转换成的电信号称为模拟信号。

近百年来，无论是有线相连的电话，还是无线发送的广播电视，都是用模拟方式来传递信号的。照说模拟信号同原来的信号在波形上几乎一模一样，似乎应该达到很好的传播效果。然而，事实恰恰相反，我们打电话时常常遇到听不清、杂音大的现象；广播电台播出的交响乐，听起来同去现场听乐队演奏相比总有欠缺；电视图像上也时有杂色点闪烁。这是什么原因呢？

原来，信号在传输过程中要经过许多设备的处理和转送，这些设备难免要产生一些噪声和干扰。此外，如果是有线传输，线路附近的电气设备也要产生电磁干扰；如果是无线播送，则更加"开放"，空中的各种干扰根本无法抗拒。这些干扰很容易引起信号失真，也会带来一些噪声。这些失真和附加的噪声，还会随着传送距离的增加而积累起来，严重影响通信质量。

知识小链接

电磁干扰

电磁干扰是人们早就发现的电磁现象，它几乎和电磁效应的现象同时被发现，1981年英国科学家发表《论干扰》的文章，标志着研究干扰问题的开始。

对此，人们想了许多办法。一种办法是采取各种措施来抗干扰：如提高信息处理设备的质量，尽量减少它产生的噪声；又如给传输线加上屏蔽；再如采用调频载波来代替调幅载波等。但是，这些办法都不能从根本上解决干扰的问题。另一种办法是设法去除信号中的噪声，把失真的信号恢复过来。但是，对于模拟信号来说，由于无法从已失真的信号较准确地推知出原来不失真的信号，因此这种办法不是很有效，有时甚至越弄越糟。

此外，模拟信号在传输过程中保密性差，信息在传送过程中很容易被人窃取。

于是，一种新的信号形式出现了，这就是数字信号。

利用数字信号进行通信是20世纪70年代在数字技术的基础上发展起来的一种新型通信方式。与以前的模拟信号通信不同，这种通信方式把需要传送的原始信号（文字、语言、图像等）调制成所谓数字信号来传输。数字信

通信的革命

号是一种间断的脉冲信号,它不像模拟信号那样是一条绵延起伏的波动线,而是一种由一系列同样高度的矩形所组成的折线。它只表示两种状态:要么有,要么无——有矩形的地方表示"有",用数字1代表;没有矩形的地方表示"无",用数字0表示。

从原始信号转换到数字信号一般要经过抽样、量化和编码这样三个过程。抽样是指每隔一小段时间,取原始信号的一个值。间隔时间越短,单位时间内取的样值也越多,这样取出的一组样值也就越接近原来的信号。抽样以后要进行量化,正如我们常常把成绩90分以上归为优,75~90分归为良,60~75分归为及格一样,量化就是把取出的各种各样的样值仅用我们指定的若干个值来表示。在上面的"分数量化"中,我们就是把60~100分中的各个成绩仅用"优""良""及格"这三个值来表示。最后就是编码,把量化后的值分编成仅由0和1这两个数字组成的序列,由脉冲信号发生器生成相应的数字信号。这样就可以用数字信号进行传送了。

> **基本小知识**
>
> **量　化**
>
> 所谓量化,就是把经过抽样得到的瞬时值幅度离散,即用一组规定的电平,把瞬时抽样值用最接近的电平值来表示。

在上面的转换过程中,我们似乎损失了一些信息:我们不是取原始信号的全部值,而是隔一段时间取一个样值;在量化时又把这些样值归为指定的若干个值,就好像做了四舍五入的近似一样。但是这些损失是很值得的,因为最后形成的数字信号抗干扰能力特别强,何况我们一般都把时间间隔定得非常短,量化时指定的值又取得足够多而且很密集。数字信号只有两种状态:1和0。如果它受到了干扰,使得我们在某时收到了一个0.9,那么,我们就有几乎绝对的把握认为原来的信号应该是1,于是予以恢复。除非干扰特别强,把原来的信号变成0.5左右。但我们考虑的干扰毕竟是偶然的、随机的,这种情况一般不会大量发生。如果大量发生,破坏了一段信号,那就得考虑是否设备出了故障或有人有意破坏了。数字信号抗干扰能力强的特点,使得它不但可用于通信技术,而且还可以用于信息处理技术。目前时髦的高保真

音响和高清晰度电视机,都是采用了数字信号处理技术。此外,数字信号还有以下一些优点:

我们现在使用的电子计算机是数字式计算机,我们处理的信号本来就是数字信号。在通信上使用了数字信号,就可以很方便地将计算机与通信结合起来,将计算机处理信息的优势用于通信事业。如电话通信中的程控数字交换机,就是采用了计算机来代替接线员的工作,不仅接通线路又准又迅速,而且占地小,效率高,省去了不少人工和设备,使电话通信产生了一个质的飞跃。

数字信号还便于存储,例如 CD 唱盘和 VCI 视盘,都是用数字信号来存储音乐和影视信息的。

数字通信还可以兼容电话、电报、数据和图像等多种类型信息的传送,能在同一条线路上传送电话、有线电视、计算机等多种信息。此外,数字信号便于加密和纠错,具有较强的保密性和可靠性。

为适应信息时代大容量信息的传输,需要建立高可靠性、大容量、智能化、综合化的通信网络系统,而数字通信的出现,才使这一目标化为现实。

从 20 世纪 80 年代开始,一种既能适应未来各种通信需要,又可用来实现电话、电报、数据通信、传真、可视电话等各种通信业务的一体化通信网——综合服务数字通信网诞生了,它标志着数字通信在现代通信中已占据了主要地位。综合服务数字通信网具有如下综合功能:语音通信——普通电话、可视电话、移动电话;图文信息传输——用户电报、智能用户电报、传真、电子保密;新闻传媒——电子报纸、电子刊物;信息检索——数据库、信息库、存储、计算、簿记;信息处理——编辑、文件处理、翻译;电子账户——购物、付费;娱乐——游戏、竞赛、电影、图像、音乐;教育——单向传授、双向教学;医疗护理——简单诊断、远程诊断;其他——民意测验、选举、监视、远程读表、遥测、遥感、遥控等。

这种综合服务通信网具有速度快、用途广、功能全等特点,是传统的通信网所无法比拟的,它已成为当今通信系统向信息化、智能化、综合化发展的必然趋势。不少国家已经着手建立综合服务数字通信网。

通信的革命

图像通信

图像通信是传送和接收图像信号（或称之为图像信息）的通信。它与目前广泛使用的声音通信方式不同，传送的不仅是声音，而且还有看得见的图像、文字、图表等信息，这些可视信息通过图像通信设备变换为电信号进行传送，在接收端再把它们真实地再现出来。可以说图像通信是利用视觉信息的通信，或称它为可视信息的通信。

图像信息按照其内容的运动状态，可划分为静止图像和活动图像两大类。静止图像包括黑白二值图像（文字、符号、图形、图表、图书、报刊等）、黑白或彩色照片（人物像、风景像、X光片、工业和科技摄影图片等）、高分辨率照片（航空摄影照片、气象卫星云图、资源卫星遥感照片等）。活动图像是对运动景物连续摄取的图像，如电影、普通电视、电缆电视、工业电视、可视电话、会议电视或高清晰度电视等都是活动图像。

图像信号包含有极其丰富的信息，图像通信所传送的信息量远远超过其他通信手段。据统计，人们接受外界信息的比例：视觉占全部的60%，听觉占20%，其余是触觉15%、味觉3%、嗅觉2%。所以人们常说，"眼见为实，耳听为虚"，"百闻不如一见"，"一目了然"。正因为视觉信息，也即是图像信息，在人们认识事物的过程中是如此重要，所以，以传送视觉信息为主要使命的图像通信方式很早就被人们所重视，并从20世纪70年代以来有了较迅速的发展。

图像通信是当今通信技术中发展非常迅速的一个分支。数字微波、数字光纤、卫星通信等新型宽带信道的出现，分组交换网的建立，微电子技术和多媒体技术的飞速发展，都有力地推动了这门学科的发展。数字信号处理和数字图像编码压缩技术产生了越来越多的新的图像通信方式。图像通信的范围在日益扩大，图像传输的有效性和可靠性也在不断得到改善。

水乳交融的计算机与通信

20世纪70年代以来，电话与计算机在数据传输与处理功能上的差别越来越小，程控交换机与大型计算机几乎没有本质上的差别，计算机与通信已融合为一体，成为"计算机通信"。因此，现代通信已定义为"把电话、电视、计算机连接在一个巨大的数字网络中的各种效果的综合"。

20世纪50年代末开始，电子计算机与通信线路相结合，一种新的通信方式——数据通信应运而生。利用计算机与通信线路及设备相结合，实现人与计算机、计算机与计算机之间的通信，不仅大大提高了各用户计算机的利用率，而且极大地扩大了计算机的应用范围，并能实现计算机软硬件资源与数据资源的共享。

趣味点击　资源共享

资源共享是基于网络的资源分享，是众多的网络爱好者不求利益，把自己收集的一些资源通过一些平台共享给大家。但是随着网络和经济社会的发展，资源共享在社会中也暴露出了一些问题。

开创于1968年的国际互联网，20世纪90年代以来得到迅猛发展。国际互联网是国际上使用国家最多、使用最方便的电脑网络系统。它的每一个成员——用户，共享此网中所有数据库的信息，收发电子函件，发布电子公告，开通语言信箱，还能打网络电话，听广播。

在工作中，不少人名片上除印有电话号码外，还印有电子信箱的"地址"。电子信箱是通过计算机网络传递电子邮件（书面或口头消息）的一种信息服务系统。电子邮件系统的功能，与通常的邮递系统相类似。不过，它所传递的信息是由计算机网络存储、交换和转发的。借助电子邮件系统，发信人可以把存储在计算机内的数据、图形或集声音、画面于一体的多媒体信息，以电子邮件的各种形式，迅速传给收信人。

通信的革命

现在，不少报社开通了语音信箱，为读者提供多种方式的服务。语音信箱是电子信箱的一种。它与通常的信箱不同，是电话与计算机技术相结合而形成的一种电子语音留言系统。它配置在电话局交换机房内，由市话网连接起来，利用语音处理技术，把话音转换成数字信号存入电子系统的中央计算机，用户可以利用电话机留言或提取留言。即使电话占线，或者被呼方不在电话机旁，都不影响相互的通信，从而提高了通信的效率。如果配备有关的软件，语音信箱还能与传真机联网，形成传真信箱，从而能按传送语音同样的方式传送文件。

网上用户不仅在国际互联网上发电子邮件，而且在网上使用网络电话。

网上用户，只要支付市内电话费及国际互联网的服务费，就能在网上打长途电话。用户只要配置上网的基本设备及语音的传送设备等硬件设备，再配置一套国际互联网电话软件，就能打网络电话了。

网络电话的优点是，不会发生中断的现象，杂音干扰很小，不会出现由于线路阻塞而久等的现象。由于配备了网络支持系统，即使在国际互联网业务特别繁忙时，用户通过支持线路也可以立即接通电话。此外，用户支付的费用低也是网络电话受到广泛欢迎的一个重要原因。

可视网络电话

由于采用了一些最新的技术，网络电话能为用户提供更优质、更方便的服务。例如 Gateway Server 技术，使用户不必再借助电脑，只要在发话及收话端利用通常的电话就可打超低价的国际长途电话。它的话音音质与模拟电话相仿，而且不再出现话音延迟的现象。

1998 年，我国推出了一种国际互联网应用软件 Internet hone 5。它的问世，使国际互联网上单一的字符交流变为语音、文字、图像三种形式同时传送的综合双向交流，并实现电脑与公用电话网的互联。利用这种软件，不仅可以在电脑上与世界各地的因特网用户进行对话，还可以与世界各地普通电话机用户进行对话，通话所需支付的费用都很低。如果双方都在配有数字照相机的电脑或可视电话上通话，还能实现图像传输。

随着计算机技术与微电子技术的迅猛发展，移动电话手机等通信产品很快更新换代，性能越来越强，体积越来越小，令人惊叹不已。

通信的革命

现代通信时代的生活

　　现代通信——网络作为快捷的通信方式，越来越被人们广泛地接受。像电子邮箱，只要轻点鼠标，几秒钟之内好友就会收到你发的邮件。如QQ、MSN这些聊天工具，也深受欢迎。但是许多问题也同时存在，因为现代通信以虚拟数字传递为基础，所以造成这种传递方式漏洞百出，越高新越容易信息崩溃，即使常备份也抵不住数据外溢和黑客攻击，同时其传递速度快捷也容易使错误的信息快速传播。

　　本章将会向大家详细地介绍现代通信时代的生活！

通信的革命

多媒体技术和"信息高速公路"

◎ 崭露头角的多媒体技术

在计算机技术和通信技术迅猛发展的基础上，20世纪90年代初出现了多媒体技术这个新概念。

> **广角镜**
>
> **多媒体**
>
> 多媒体一般理解为多种媒体的综合。多媒体是计算机和视频技术的结合，实际上它主要是指两个媒体：声音和图像。

所谓多媒体，是相对于单媒体来说的。只能处理文字和数字的个人电脑便是单媒体电脑。现在，由于电脑软件、硬件技术的发展，个人电脑除了能处理文字和数字之外，还能处理图形、影像、动画、声音和视频信号等多种媒体，这就是多媒体电脑。多媒体电脑具有同时抓取、操作、编辑、储存和呈现视觉媒介、听觉媒介等不同媒体形态的能力。换句话说，它能够把电脑、电视机、录像机、录音机、游戏机、传真机等的功能综合在一起。这就是多媒体电脑的"综合性"。

另外，多媒体电脑还具有交互性，就是说它同用户之间可以进行双向交流。如何进行这种双向交流呢？

在过去，电视、电影的画面再美，人们也只能在一旁被动地欣赏它，无法改变它。而现在，有了多媒体电脑，就可以随心所欲地对画面（包括图像和颜色）进行修改。在过去，电视、电影的剧情再动人，人们也只能在一旁抒发感慨，无法改变它。而现在，有了多媒体电脑，就可以在观看中随时让情节停留在某一点上，就像是一张照片呈现在你的眼前，让你看个够，也可以让演员把刚才的情节再重演一遍，甚至还可以随时另编情节，让演员按照你的要求来演出。

目前，多媒体技术正朝着实用化、标准化的方向发展，其应用领域正在不断拓宽。它除了能够把各种家用电器的功能融为一体之外，还可以用于商场购物指南、酒店咨询、旅游向导、新产品演示、印刷出版、检测、教育培训、医疗诊断、科学研究等。在通信领域中，一旦实现了多媒体技术与通信卫星的合理搭配，人们就可以随时随地获取世界各地的信息。

多媒体技术是一项高新技术，它已成为各国之间进行技术竞争的"制高点"。学术界认为，多媒体技术代表了"下一代的新潮流"，是比当年电话技术、电视技术的出现意义更为重大的一次信息革命。

◎ 令人耳目一新的"信息高速公路"

在现代社会中，信息的流量增加很快，特别是近年来出现多媒体技术以后，更加促使信息的流量猛增。有人做过统计，发达国家大约每过20个月信息的流量就翻一番。一方面信息的流量成倍增加，另一方面信息的传输手段（传统的信息传输手段包括金属导线、同轴电缆和空间电磁场等）却变化很慢。这样一来，信息在传输中就难以达到畅通无阻，"信息堵塞"的现象变得越来越突出。为了使信息畅通，亟须解决信息传输中"车多路窄"的状况。于是，人们终于找到了"信息高速公路"这个法宝。

知识小链接

同轴电缆

同轴电缆是先由两根同轴心、相互绝缘的圆柱形金属导体构成基本单元，再由单个或多个同轴对组成的电缆。同轴电缆从用途上分可分为基带同轴电缆和宽带同轴电缆（即网络同轴电缆和视频同轴电缆）。

"信息高速公路"这个名称，参考了20世纪五六十年代的美国州际高速公路网的名称。美国各个州之间的高速公路网四通八达，是美国国内的一项极其重要的交通基础设施，成为确保美国经济发展的重要支柱。把信息的快速传输同"高速公路"联系起来，令人耳目一新。我们知道，在高速公路上行驶的车辆，其时速一般都在50～120千米，这比在普通公路上行驶的车辆的时速大致要快一倍。而信息在"信息高速公路"（光缆）上传输的速度，同其在普通金属导线（同轴电缆）上传输的速度相比则要快成千上

通信的革命

万倍。

对于"信息高速公路",至今尚无一个公认的确切定义。一般说来,它是指在全国范围内,以光缆作为信息传输的主干线,同时采用支线光纤和多媒体终端,用交互方式传输数据、电视、话音、图像等多种形式信息的千兆(10^9)比特的高速数据网。

建立"信息高速公路"的主要目标是:利用数字化大容量的光纤通信网络,在政府机构、大学、研究机构、企业以至普通家庭之间建立计算机联网。

"信息高速公路"的"路面"是用光纤铺成的。光纤有一个显著的特点,就是它的频带特别宽,这样就使得光纤通信系统的通信容量特别大。一根细如发丝的光纤能够同时传送5000个电视频道的图像信号,或者50万路电话的语音信号。一根光纤丝的信息容量可以顶得上几千根金属导线。举个例子来说,美国国会图书馆中所藏书刊的全部信息量大约是500×10^{12}比特,用一根光纤来传送这些信息,只需55小时就能全部传送完毕;而用目前广泛使用的计算机金属网络来传送,则要用6年零4个月的时间。

光纤除了具有频带极宽这个突出的特点之外,它的抗干扰能力特别强,信号通过时的衰减特别小。所以,用光纤来进行远距离的信息传输,是再合适不过的了。地面"信息高速公路"的骨干是光缆系统,光纤是建造地面"信息高速公路"的物质基础。

"信息高速公路"建成以后,将带来巨大的社会、经济效益。

第一,由于"信息高速公路"的兴建,多媒体产品的需求量将猛增,势必在全球范围内形成一个数以万亿美元计的多媒体产品市场。

第二,在"信息高速公路"建成以后,将出现一个崭新的行业——"信息高速公路"业,可为社会提供更多的就业机会。

第三,"信息高速公路"建成以后,可以实施"远距离医疗系统"和"计算机化病历",从而极大地提高医疗水平,改善全民的健康状况,并能节省大量的医疗费用。以美国为例,"信息高速公路"建成以后,预计每年可节省医疗费用上千亿美元。

第四,"信息高速公路"将使科研人员能够更加有效地利用世界范围内的各种数据库,遥控远处的仪器设备,强化科技交流,提高工作效率。

当然,"信息高速公路"的好处远不止这些。它还能提高计算机辅助教学的水平,提高贸易、金融部门的工作效率,提高政府机构的办事效率等。

◎美国的"信息高速公路"

1993年初,美国总统克林顿上台以后,同副总统戈尔共同提出了兴建"信息高速公路"的计划,这是他们为振兴美国经济而采取的一项重要措施。舆论界把这个计划称作"世纪工程",有人认为它是继20世纪50年代美国开始大规模普及电话之后又一次重大的信息革命。除了建设遍布全美的地面"信息高速公路"之外,为了适应多媒体信息传输的需要,美国信息业的一些大公司还在竞相发射通信卫星,加速兴建空中"信息高速公路",以作为地面"信息高速公路"的补充。

拓展阅读

克林顿

克林顿,美国律师、政治家,美国民主党成员,曾任阿肯色州州长和第42任美国总统。在克林顿的执政下,美国经历了历史上和平时期持续时间最长的一次经济发展。在美国在线于2005年举办的票选活动"最伟大的美国人"中,克林顿被选为美国最伟大的人物第七位。

美国为了实施"信息高速公路"这个空前巨大的工程,面临着资金、技术、法律等诸多方面的难题。据粗略估计,要建成覆盖全美的"信息高速公路"网,将耗资4500亿~5000亿美元。从技术上说,尽管建设"信息高速公路"的大部分技术已趋成熟,但仍存在一些不容忽视的技术问题。例如,一个交互式有线电视系统,需要储存上千部影视节目,而每一部影片,即便采用通常的图像压缩技术,至少也要占用几十亿个字节的储存容量。为此,必须开发更为先进的音像信号数字化技术。

"信息高速公路"是一种覆盖全国的信息网络,它要求把现有信息行业融为一个整体,而绝不允许各自为政,这势必冲破以往有关电信法规和标准的限制。"信息高速公路"要求通信网络不仅要具有任何用户都能使用的开放性,同时又要保护个人隐私,防止盗用版权信息(如电影、剧本、小说等),

通信的革命

这就需要开发有关的加密设备。

自从美国克林顿政府提出兴建"信息高速公路"的计划之后,在全球范围内掀起了一股"信息高速公路"热。除日本及西欧各国之外,公开提出兴建"信息高速公路"计划或意向的还有加拿大、韩国、巴西、阿根廷、巴拉圭、乌拉圭等国家。有的国家虽然还未公开宣布要兴建"信息高速公路",但已朝着这个目标努力。一项如此浩大的工程,很快在世界范围内达成如此广泛的共识,这在人类社会的发展史上是罕见的。

"信息高速公路"

目前,我国的信息产业与世界先进水平的差距还比较大。面对世界的新挑战,中国不能无所作为,应当有紧迫感。在改革开放的宏观环境下,我国的信息产业呈现出前所未有的发展势头。在中国辽阔的土地上,已经悄然掀起信息革命的滚滚波涛。正在建设中的"三金工程"(国家公用数据信息通信网,叫作金桥工程;银行信用卡支付系统,叫作金卡工程;国家对外贸易经济信息网,叫作金关工程),可视为我国建设"信息高速公路"的开端。

必须指出的是,鉴于"信息高速公路"耗资巨大,技术复杂,涉及社会的方方面面,因此它的兴建不可能一蹴而就。即便在发达国家,要全面建成"信息高速公路",预计至少也要用一二十年时间,发展中国家费时会更长。要使全人类都步入多媒体信息时代,还需要经历一个比较漫长的过程。

神奇的网络电视

◎ 电视上的神话

　　这是一个迷人的夜晚，晚饭后，两个大一点的孩子在院子里和小黄狗扔网球玩，起居室里的小女儿很快在摇篮里睡着了。爸爸、妈妈坐在沙发上，手里拿着遥控器，沉醉于电视屏幕上由国际互联网网络传输过来的新英格兰的秀丽风光，这就是网络电视（WebTV）。网络电视的出现，为被动接收节目的电视带来了革命性的变化，它在电视的传播方式和计算机信息服务之间架起了一座桥梁。这对于大多数成年人和那些大孩子来说，网络电视的确是一种极具诱惑力的体验。利用电视这种迅速而有效的传播方式，大量的国际互联网网站向公众提供包括从度假计划、新闻、音乐到各种在线游戏节目。网页的内容常常不像普通电视节目（例如星期天晚间节目）那样具有强制性，把它们放到家庭的大屏幕电视上显示，一家人可以舒服地坐在沙发上一页一页随心所欲地浏览。

知识小链接

网络电视

　　网络电视将电视机、个人电脑及手持设备作为显示终端，通过机顶盒或计算机接入宽带网络，实现数字电视、时移电视、互动电视等服务。网络电视的出现给人们带来了一种全新的电视观看方法，它改变了以往被动的电视观看模式，实现了电视以网络为基础按需观看、随看随停的便捷方式。

◎ 神话背后的技术障碍

　　从技术方面看，这个问题的解决并非易事，主要问题之一是信息的传输速度。在有线电视上使用电缆调制解调器将会极大地加速对网络页面的流通速度，并使得连接更加方便。但使用的电缆调制解调器和支持它们的高速网络可能还要等若干年。提供数字电话设备也是一个可能的解决方案，但它的普及也需要时间。

另外，在电视机屏幕上显示网页远不像在电视机后面插一条视频输出线那么容易。在现有的 NTSC 广播制式下，电视画面是一行隔一行地在屏幕上闪烁的，这种隔行显示系统有效地表达了每秒 30 个完全的动态视频画面。但是计算机显示器使用的逐行扫描系统，从顶至底连续地一行一行地显示，在显示细节方面要好得多。近看时，隔行方式有明显闪烁。另外，计算机与电视机相比，显示分辨率高得多，颜色范围也更广。

由于这些因素，在计算机显示器上清晰可读的文本在电视屏幕上变得难以阅读，这在通常看电视的距离的情况下（比看计算机屏幕远得多）显得更为突出。在计算机上的清晰的画面在电视屏幕上显得模糊。而且，网络页面的大小也不适合电视机屏幕，人们不得不做相应的垂直和水平滚屏操作，才能看全一条消息。

拓展思考

导 航

导航是引导某一设备，按指定航线从一点运动到另一点的方法。导航分两类：自主式导航；非自主式导航。

其他的问题还有：带小轨迹球或方向键的遥控器能在电视屏幕上移动指针，但如何显示文本？如何打印网页或将它们存入文档？怎样做才能使大家很容易掌握杂乱无章的网页的进入和导航？

◎ WebTV 新系统找到突破口

实现这个神话的最直接的方法也许就是设计一种放在电视机顶上的小盒，其中包括了调制解调器和网络浏览软件，可以使现有的电视机连接到国际互联网。美国加州的 WebTV Network 公司最早克服了技术障碍，提出了机顶盒解决方案。WebTV 的硬件是再简单不过的：连接电视机和电话接头的机顶盒，一个遥控器和一个可选的无线键盘（这里也有一个标准的 PC 键盘接口）。其中拥有专利的硬件完成了把万维网上的数据转换成适合电视机显示的清晰的文字、色彩丰富的图像。页面也被设计成适合在电视机屏幕上显示，并且无明显闪烁。然而 WebTV 的真正成功之处在于它的完美的、简单的接口和浏览软件。它比目前任何系统（电视机或计算机）做得都好，提供了一个易于掌握的万维网上的友好界面。自动登录系统为用户建立国际互联网账号，给用户的系统分配一个拨号访问的本地电话号。WebTV 导航页可让用户根据自己的爱好转到相应的网络页面，随意在网上搜索和选择诸如体育运动、儿童、新闻等分类目录的内容。还提供一个专栏用来介绍本地区（开始时包括周围 50 个城镇）的餐厅、学校和要闻等内容。用户可以用遥控器进行一切操作，还可以发电子邮件。如果没有键盘，可以用屏幕上的键盘输入国际互联网地址和电子邮件内容，并把它发出去。电子邮件是计算机迷最偏爱的通信手段之一。信件发出后就立即到达对方的信箱里。同时，查找寄来的电子邮件也是一种享受。WebTV 机器能自动查找信息。当有新的邮件进来时，机顶盒上的发光二极管就点亮。

WebTV 也有一些缺点，例如接收的数据不能储存起来，这使打印机接口用起来不大方便，而且，用户无法选择其他的国际互联网服务提供商。

◎ 琳琅满目的机顶盒

参与网络电视竞争的不只是 WebTV Network 一家。乔治亚州的 View Call America 已经设计出了类似的称为 Webster 的三件一套的装置（包括机顶盒、遥控器和无线键盘），提供了连接打印机的并行接口。但它的软件可能不如 WebTV 那样出色。JCC 的机顶盒想得更远一点，带有一个专用的 CD－ROM 驱动器，更多的内存和接口，包括打印机接口和软盘接口，以及高容量的 Omega Zip 驱动器。Zenith、三星以及另外一些公司则采用内置技术，将调制解调器和浏览软件装进电视机内。Sega 公司和任天堂公司则在它们游戏机上动脑筋，在其中增加了网络卡和电话线接口，变成连接网络的机顶盒产品。另一方面，电视机制造商认为没有理由不把网络拨号技术（一种使电视机的画中画功能变得更为有用的技术）加到视频录像设备中去。这样，人们可以用主画面观看足球赛，而在画中画内和国际互联网连接，以便查阅有关队员的统计资料。

通信的革命

基本小知识

机顶盒

机顶盒是一个连接电视机与外部信号源的设备。它可以将压缩的数字信号转成电视内容，并在电视机上显示出来。信号可以来自有线电缆、卫星天线、宽带网络以及地面广播。

许多有线电视公司在从单线传输升级为双线传输后都计划提供新的数据机顶盒。

◎下一代电视机什么样

汤姆森公司和康柏公司一起在试验一种 PC 和 TV 完全结合的产品。它们是在奔腾计算机上配置 31 英寸（约 79 厘米）或者更大的显示器，并加上能同时显示电视画面和数据的特殊电路。

人们可以期待有一天，通过电视可以通往全世界。电视不但是了解世界的窗口，也是和世界交往的窗口。随着网络电视和国际互联网技术的发展，实现从"秀才不出门能知天下事"到"秀才不出门能办天下事"的飞跃，已经为时不远了。

21 世纪的电脑——光脑

近来，人们经常听到光脑这一术语，其实早在 20 世纪 50 年代，人们就开始了制造光计算机的尝试，直到 20 世纪 80 年代中后期才有了决定意义的突破。科学家们预计，光计算机的进一步研制将成为 21 世纪的高科技课题之一，21 世纪将是光脑时代。

光脑在哪些地方优于电脑呢？这还要从光的特性谈起。作为信息媒质的光，从信息处理的角度看，通常具有三大特点：

（1）频域宽。光的频率比电波高很多，所以信息传送容量也要大得多。另外，通过偏光和空间多重化，还可以使这一频域拓宽。

（2）无感应。在以前的配线技术中，随着配线的密度提高和频率提高，不能忽略配线间分布电容的影响，串音现象很严重。这也是决定电子器件安装密度界限的一个重要因素。使用光时，这种感应的噪声可以减到非常小。

（3）相互连接的柔软性。通常，电信号用带有地线的线路传送。这种线路存在阻抗，因而规定了信号传播速度。此外，各元件之间的阻抗必须匹配。可是，光可以在自由空间或电介质波导中传播，不存在阻抗的匹配问题，特别是在自由空间传播时，相互连接的并行化很容易。由于以上原因，光计算机和以电子作为信息传输媒质的传统计算机有重大差别，使得利用光技术的信息处理方法受到人们的关注。

光 脑

基本小知识

光 脑

光脑，即光计算机，将是未来更加先进的计算机，利用光的传播速度比电子速度快的原理制成。目前军用光学CPU已被成功研制。

"远程医疗"悄然而至

最近一个时期，"远程医疗"实验获得成功的消息屡见于报端。像一枝报春的梅花，它预示了一个新的医疗时代的到来。

有一则消息说，某一天，聚集在北京某大饭店参加"第一届大型医院信息网络研讨会"的专家们，通过会议电视系统在屏幕上观看了在北京朝阳医院手术室里进行的前列腺切除等三例手术。专家们边观看图像，边通过电话线路与现场的医务人员交谈，如同身临其境。另一则消息说，比利时医生在

通信的革命

他们的荷兰同行配合下，通过电话线路对数百里之外的机器人进行遥控，成功地由机器人完成了对一位荷兰患者的外科手术……

这些鼓舞人心的报道都在明白无误地告诉我们，相隔千里为人号脉、看病以至动手术，都不再是幻想小说里的故事，而已经成为科学的现实。

"远程医疗"是利用现代电信网在传送和处理信息上的非凡能力，让它来传送和处理包括声音、文字和图像在内的综合医疗信息，以实现对患者的远距离诊断和治疗。由于它与现代电信技术密不可分，因而也有人称它为"电信医疗"。

远程医疗

你知道吗

电信网

电信网是构成多个用户相互通信的多个电信系统互联的通信体系，是人类实现远距离通信的重要基础设施。它利用电缆、无线、光纤或者其他电磁系统，传送、发射和接收标志、文字、图像、声音或其他信号。

采用"远程医疗"方式后，病人看病就不用到医院排队，小地方的人也用不着长途跋涉到大城市求医问药。因为，病人的心电图、脑电图以及尿样、血糖含量等分析数据，都可以通过电信线路在瞬息之间传到远端医疗专家的案头，或显示在高清晰度屏幕上，或由电脑打印机迅速打印出来。医疗专家便可以据此对病人的病情作出判断，并决定治疗方案，开出药方。诊断结果和药方，可以立即用电子邮件传送给患者所在地的医院或药房，嘱咐他们"送药上门"。一些需要做X光检查或磁共振成像检查的患者，也可以不上医院，而到装有这些设备的巡诊医疗车上做检查。因为这些设备上都配备了移动通信设备，它能把检查的结果，包括图像和数据等，统统地用无线电波发回到医疗中心，以供那里的医疗专家作出诊断。今后，上述巡回医疗方式有可能重新成为医疗方式的主流。但应该指出，我们这里所说的巡回医疗方式与传统的靠医务人员四处奔走的巡回方式已有本质的不同，它是声音、数据和图像等一类医疗信息的穿梭，而医疗专家可以足不出户，而"决胜于千里之外"。

知识小链接

X光

X光，即X射线，是波长介于紫外线和γ射线间的电磁辐射。X射线是一种波长很短的电磁辐射，其波长为 $(0.06 \sim 20) \times 10^{-8}$ 厘米。

今天，作为实现"远程医疗"基础设施的现代电信网，已经发展成了包括卫星、地面光纤、微波以及海底电缆、海底光缆在内的立体网络。它真可谓是"无处不在，无远弗届"，几乎覆盖了整个地球。凭借着这样一个网络所建立的"远程医疗"系统，其神通也是可想而知的。首先，它将给往日缺医少药的地区带来福音，使那些地区的患者也能及时得到治疗，甚至接受大城市名医的诊治。由于得力于卫星会议电视系统的帮助，昔日难得实现跨地区、跨国界的医疗会诊也逐渐变得轻而易举了。

▶ 未来的电子病历——光卡

目前，许多高科技成果已进入医学领域。日本1991年已开始光卡电子病历的实用阶段试验。光卡这种未来的电子病历卡，较之发达国家以前已较普遍采用的集成电路病历卡，要先进得多。它能最迅速全面地给医生提供患者的有关信息，保证及时诊断处治，并可随时将治疗情况记录入卡。集成电路卡只能存储文字信息，不能记录图像，资料也易丢失，而且价格昂贵，不宜个人携带，使用仍不够方便。光卡就无这种缺陷。它的问世将使人类医疗史乃至整个生活方式出现一次革命性的变革。

通信的革命

基本小知识

光 卡

光卡是指能透过激光的透明基板，对激光极为敏感，是由在激光照射下能写入信息的记录层以及内外硬质保护层三部分组成的卡片。

预计在不久的将来，光卡将成为人们随身携带的数据库。一张厚不到1毫米，大不过明信片的光卡，却能储存十分丰富的信息。

国外医学界已开始试用光卡来管理个人健康资料，试验效果极佳。当某一病人突然发病送到医院抢救时，医生就不必像往常那样要进行一系列的化验、取样、分析后才能确定病情，只要一用光卡就可快速而准确地获得所需要的资料，从而能在极短的时间内采取有效的治疗方案，为拯救病人生命赢得宝贵的时间。

一张光卡，就是病人一套完整的病历卡。光卡里面存有三方面的资料：个人情况、健康检查资料及辅助资料。个人情况包括姓名、出生年月、性别、血型、药物反应、紧急联络方式、家庭地址、工作单位、医疗保险情况等。健康检查资料实际上是"数据矩阵"，包括常规医学检验结果和测试数据。这些资料不仅包括文稿，而且还有照片、X光片等。医生根据这些资料就能迅速绘出有关图表（如病人年龄与血压之间的关系图）来显示一段时间内病人病情的变化，帮助诊断治疗。辅助资料就是"医嘱文件"。在此文件中，医生提出影响病人健康的具体数据，如胆固醇过高、心率过快等，并提出治疗方案及应采取的有关措施，例如食物疗法、精神疗法或化学疗法等。

采用光卡使医院的医疗效率大大提高，存贮病历所需的空间却大大减小，医院管理人员不必再为存放、查找病历花费大量的时间，加快了医学研究的进度。光卡提供的信息使医生对病人的职业、居住环境与健康之间的关系一目了然。因而，利用光卡进行保健监控是很方便的。

光卡成本低，准确度高，保密性好，便于携带，可永久储存大量资料，且读写方便、可靠。因此，光卡这一高新技术成果不仅可做成崭新的病历卡，而且还将是一种应用领域广阔而造福人类的理想工具。

21 世纪的战争——信息战

21 世纪的战争形式将会是什么样的呢？数字化部队，数字化战场，非线性作战，全维作战，立体空间作战，信息战争，机器人战士，智能战争……新论颇多。冷静观察，这场军事革命狂飙的中心是信息战，实质是推动机械化战争向信息化战争的转变。信息战是一场没有硝烟的战争。军事专家们预言：21 世纪的战争将是一场别开生面的信息战。

◎ 信息战的概念及特点

（1）信息战的概念。信息战，也叫指挥控制战，决策控制战。旨在以信息为主要武器，打击敌方的认识系统和信息系统，影响、制止或改变敌方决策者的决心，以及由此引发的敌对行为。单就军事意义讲，信息战是指战争双方都企图通过控制信息和情报的流动来把握战场主动权，在情报的支援下，综合运用军事欺骗、作战保密、心理战、电子战和对敌方信息系统的实体摧毁、阻断敌方的信息流，并制造虚假的信息，影响和削弱敌指挥控制能力。

天空信息战

通信的革命

同时，确保自己的指挥控制系统免遭敌人类似的破坏。

（2）信息战的特点。信息武器主要具有破坏信息系统和影响人的心理两个特点。①破坏信息系统。一种是指通过间谍和侦察手段窃取重要的机密信息；另一种是负面信息。输入负面信息有两条途径，即借助通信线路扩散计算机病毒，使它侵入到民用电话局、军用通信节点和指挥控制部门的计算机系统中，并使其出现故障；也可以采用"逻辑炸弹"式的计算机病毒，通过预先把病毒植入信息控制中心的由程序组成的智能机构中，这些病毒依据给定的信号或在预先设定的时间里发作，来破坏计算机中的资源使其无法工作。②影响人的心理。信息武器最重要的威力还在于对人的心理影响和随之对其行为的控制。有一种666号病毒在荧光屏上反复产生特殊的色彩图案，使电脑操作人员昏昏欲睡，萌生一些莫名其妙的潜意识，从而引起心血管系统运行状态的急剧变化，直至造成大脑血管梗塞。

（3）信息战的作用及趋势。信息战将极大地促进情报收集技术的进步和发展。目前，西方国家已经拥有间谍飞机和携带照相机的无人侦察机用来侦察地面的敌人。在未来战场上，成千上万的微型传感器将被大量空投或秘密地置于地面。美国正在制作一种雪茄烟盒大小的无人空中飞行器。它可以"嗅出"作战对象所处的位置；可以秘密向敌军部队喷洒烟雾剂；可以秘密地在敌军的食物供应中投入化学剂；飞过敌军头上的生物传感器将根据敌人的呼吸和汗味跟踪敌军的行动位置，确定攻击目标。

利用信息战亦可弥补常规武装力量的不足。信息战能够先于武装冲突进行，从而避免流血战争，能够加强对一场兵刃相见的战争的控制能力。比如可将计算机病毒植入敌方可能会使用的武器系统中，武器的所有方面似乎是正常的，但弹头将不会爆炸；还可以在敌方的计算机网络中植

> **趣味点击** 计算机病毒
>
> 编制或者在计算机程序中插入的破坏计算机功能或者破坏数据，影响计算机使用并且能够自我复制的一组计算机指令或者程序代码被称为计算机病毒。计算机病毒的特点是具有破坏性，复制性和传染性。

入按预定时间启动的"逻辑炸弹"，并保持在休眠状态，等到了预定时间，这些"逻辑炸弹"将复活并吞噬计算机数据，专门破坏指挥自动化系统，摧毁

那些控制铁路的电路,并将火车引到错误路线,造成交通堵塞等,在一定程度上达到"不战而屈人之兵"的目的。有人预言,"未来战争可能是一场没有痛苦的、计算机操纵的电子游戏"。

未来信息战将对非军事目标产生更大的威胁。未来战争可用计算机兵不血刃、干净利索地破坏敌方的空中交通管制、通信系统和金融系统,给平民百姓的日常生活造成极大混乱。信息战虽然凭借它的奇异技术或许能够避免流血或死亡,但信息战的打击面将是综合的、立体的、全方位的,可以在敌国民众中引起普遍的恐慌,从而达到不战而胜的效果。信息战同其他形式的战争一样可怕。

信息战作为未来战场上一种新的作战方式,还将对各国军队的编制结构产生巨大影响。由于微处理器的运用,武器系统小型化,用电脑控制的无人机将追踪和攻击敌军目标,航空母舰和有人驾驶的轰炸机可能过时。指挥员和战斗员之间负责处理命令的参谋人员的层次将大大减少。由于需要更多的技术人员来操纵战场装备,技术人员与士兵之间的区别将变得模糊。

◎ 美国设想中的信息战

美国军事专家认为,信息战将是一种改变传统作战方式的新型作战方式。今后,当美国的盟友受到威胁时,美国不会立即派舰队或大军压境,而是通过鼠标器、显示器和键盘来实施一场精心策划的信息战。例如,先将计算机病毒送入敌方的电话交换枢纽,造成电话系统全面瘫痪。然后,用定时计算机"逻辑炸弹"摧毁敌方控制铁路和部队调动的电子运输指挥系统,造成运输失控,使部队和军需物资调动陷于混乱。再干扰无线电信号,并通过无线电向敌方的战场指挥官发出一些伪造的命令,把敌人的部队调动分布在荒山野岭,使之失去有效的战斗力。同时,美国专门用来从事心理战的飞机则干扰敌人的电视广播,发动宣传攻势,鼓动民众起来推翻其统治者。他们认为,通过这种方式,不费一枪一弹,就可以及时制止一场即将爆发的战争。

广角镜

鼠标器

鼠标因形似老鼠而得名。鼠标的标准称呼应该是鼠标器。

通信的革命

信息战办公室

当然，反过来也可以用这种方式发动一场战争。

美国信息战的目标是利用21世纪的高新技术，悄悄地实施对敌方军事和民用设施快速、大规模和毁灭性的打击。

现在，美国陆、海、空以及海军陆战队各兵种都设立了信息战办公室。

移动通信新时尚——3G

近来，各国信息产业界对发展3G均情有独钟，一些业界专家尤其对发展3G手机格外青睐。那么何谓3G？它和军事通信发展有何联系？还是让我们从移动通信的发展说起吧。

发展无线电通信：1G

所谓1G，英语是一代、世代的意思，中文含义是指第一代移动通信系统。随着1895年俄国物理学家波波夫发明了世界上首部无线电接收机以来，世界通信技术便揭开了崭新的一页，从此人类迎来了利用无线电波进行远距离通信的新时代。

现代通信时代的生活

知识小链接

无线电接收机

无线电术语中，无线电接收机是一种从天线接收并解调无线电信号的电子设备，主要用于声音、图像定位信息等。人们日常生活中用到的收音机、电视机、卫星电视接收机、GPS 等都是无线电接收机。

无线通信与移动通信都是靠无线电波进行通信的，所以它们既有联系又有区别。首先，移动通信肯定是无线通信，移动通信涵盖了无线通信的基本技术，但无线通信侧重于无线通，而移动通信更注重于移动性，突出动中通、优质通、个人通。正因为如此，移动通信对无线电波频率的选择更加谨慎，要求更高，大都选择超短波以上的工作频段。从 20 世纪 20—40 年代初，移动通信就有了初步的发展，不过当时的移动通信使用范围非常小，主要使用对象是船舶、飞机、汽车等专用移动通信以及运用在军事通信中，使用频段主要是短波段。人们所称的

1G 通信的代表"大哥大"

第一代移动通信系统，则是诞生于 20 世纪 70—80 年代，当时集成电路技术、微型计算机和微处理器技术快速发展，美国贝尔实验室推出了蜂窝式模拟移动通信系统，使得移动通信真正进入了个人领域。具有代表性的，有美国的 AMPS 系统、英国的 TACS 系统、北欧的 NMT 系统、日本的 NAMTS 系统等，这些系统先后投入了商用，而这个时期移动通信系统的主要技术是模拟调频、频分多址，以模拟方式工作。受模拟通信体制和技术水平的限制，当时手持机就成了俗称的砖头式"大哥大"。

◎ 引发数字化革命：2G

为了使移动通信快速向小型化、便捷化以及个人化方向发展，移动通信采用了数字技术，于是产生了第二代移动通信系统，即数字移动通信系统（2G），这是以数字传输、时分多址（TDMA）或码分多址（CDMA）为主体的新技术。目前，国际上普遍进入商用和具有典型代表性的数字蜂窝移动通信系统是欧洲的 GSM、日本的 JDC、美国的 IS－95 和 DAMPS 系统等。这一时期的移动通信系统是一个不断完善的过程，已开始朝着服务优质化、系统大容量化、信息传输实时化、控制与交换更加自动化、程控化、智能化的方向发展，其手持机的耗电量、重量、体积已大大缩小，其服务质量也达到了很高的水平。

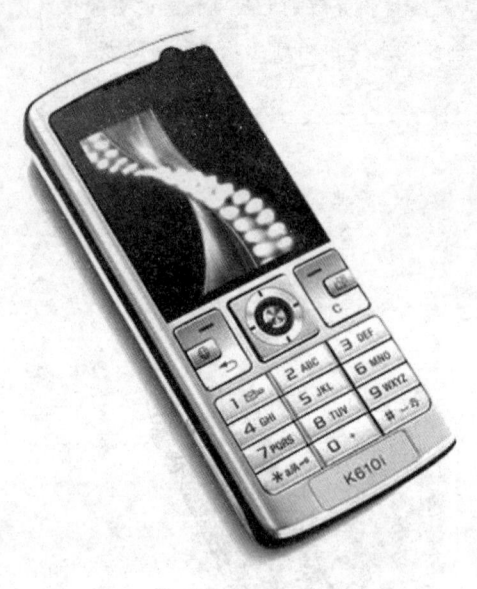

2G 手机

2G 与 1G 相比，最主要的优点是引入了数字通信技术，使频谱利用率更高。因为 1G 采用 FDMA 方式，即以频率区分不同的用户，即一个频段仅能提供给一个用户使用。而 2G 采用 TDMA 方式，以时隙区分不同的用户，或者 CDMA 方式，以正交码字区分不同的用户，其通信用户增加了，系统容量扩大了，频谱利用率也提高了。各国先后引入第二代移动通信系统，即 GSM 系统，并开始广泛运行。这不仅是世界电信技术发展形势所趋，而且也是军民应用领域对移动通信的时代要求。

◎ 建立移动互联网：3G

1G 只能提供语音业务服务，2G 不仅能提供语音业务服务，而且还能提供文字数据服务，但它们都没有能力提供大容量的图像数据服务，因为传输图像信息需要综合化、宽带化的信息通道。于是，人们开始着手开发第三代移动通信系统（3G）。所谓 3G，是将无线通信与国际互联网等多媒体通信结

3G 手机

合起来的新一代移动通信系统，这种系统能够处理图像，听音乐，支持视频播放，提供网页浏览、电话会议、电子商务等综合信息服务。它要求无线网络必须能够支持不同的数据传输速度，也就是说在室内、室外和行车的环境中都能够分别支持至少 2 兆位/秒、384 千位/秒以及 144 千位/秒的传输速度。而 3G 手机完全是通信业和计算机工业相融合的高科技产物，和此前的手机相比差别实在是太大了。因此，越来越多的人开始称呼这类新的移动通信产品为"个人通信终端"。

知识小链接

多媒体通信

多媒体通信是指在一次呼叫过程中能同时提供多种媒体信息如声音、图像、图形、数据、文本等的新型通信方式。它是通信技术和计算机技术相结合的产物。

3G 手机有一个超大的彩色显示屏，可采用触摸式。3G 手机除了能完成高质量的日常通信外，还能进行多媒体通信，用户可在 3G 手机的触摸显示屏上直接写字、绘图，并将其传送给另一部手机，而所需时间几乎不到一秒钟。当然，也可以将这些信息传送给一台电脑，或从电脑中下载某些信息；用户还可以用 3G 手机直接上网，查看电子邮件或浏览网页；还有不少型号的 3G

通信的革命

手机自带摄像头。这将使用户可以利用手机进行电脑会议，甚至使数码相机成为一种"多余"。

3G 移动通信系统，将能够提供目前只有固定接入才能实现的更先进的通信业务，并且它将"全球漫游"作为一项关键要求，为全球移动通信开创更广泛的市场，挖掘更大的用户设备通用潜力，从而大大提高经济和军事效益。3G 通信是移动通信市场经历了第一代模拟技术移动通信业务的引入，在第二代数字移动通信市场的蓬勃发展中被提上日程的。在当今国际互联网数据业务不断升温的热潮中，在多媒体数据固定接收速率不断提升的背景下，3G 移动通信系统已展示了未来发展的曙光，因此为各国所关注。目前，3G 移动通信系统开发已形成了北美、欧洲和日本三大区域性集团，它们分别推出了各自的技术方案。至今，为实现第三代移动通信系统（IMT－2000）全球覆盖与全球漫游，三种技术方案之间正在相互作出某些折中，以期相互融合。

◎未来高科技新超越：4G

20 世纪末出现的国际互联网标志着人类社会进入了一个崭新的时代——信息时代。在这个时代，人们对信息的需求急剧增加，信息量像原子裂变一样呈爆炸式增长，传统的通信技术已很难满足不断增长的通信容量的需求，于是一些新兴的通信技术开始孕育而生。但是，由于各个通信商家的利益得不到很好的协调，这些新兴的通信技术如今已被分化成了几大阵营。然而，统一的呼声日高，目前相互兼容的移动通信技术——第四代移动通信标准（亦称后三代移动通信标准）已在业界萌动。

第四代移动通信系统技术与第三代移动通信系统技术相比，除了通信速度大为提高之外，还可以借助 IP 进行通话。据

未来的 4G 手机

悉，第四代移动通信系统技术的国际标准化作业，将由国际电信联盟的无线电通信部门（ITU-R）负责实施。4G 通信技术无论在通信范围、通信质量以及其他任何方面都会比 3G 有一个质的提升。它并不是全新技术，而是在 3G 基础上增加了很多新功能：①网络的频谱更宽，通信速度更快；②智能化程度更高；③兼容性更好；④组网的灵活性更大；⑤多媒体通信质量更优；⑥业务更加多样化和个性化；⑦整体通信服务成本更低。总之，其提供的特性应包括名副其实的无处不在，无缝高效的无线数据能力，尤其是能够吸引军事领域在固定通信方面的广泛需求。

基本小知识

兼容性

所谓兼容性，是指几个硬件之间、几个软件之间或是几个软硬件之间的相互配合的程度。兼容的概念比较广，相对于硬件来说，几种不同的电脑部件，如果在工作时能够相互配合、稳定地工作，就说它们之间的兼容性比较好，反之就是兼容性不好。

须知，民用技术从来都是军队武器装备发展的重要基础。随着现代科学技术特别是信息技术的发展，民用通信技术和设备与军事有着越来越广泛的兼容性和互用性。伊拉克战争中，美军对部队实施指挥控制就曾借助了国际互联网，这反映了未来战争发展将会有效借助民用信息资源的这种必然趋势。未来信息化战争，是一体化联合作战样式，其作战指挥要依靠集预警探测、情报侦察、信息传输、指挥控制、电子对抗、综合保障等系统于一体的指挥信息系统，而构建三军一体、军民一体、广域一体的通信系统至关重要。

"两岸猿声啼不住，轻舟已过万重山。"而今，3G 的高速发展正在引领军事通信的新变革，将会有效地解决军事通信系统综合集成的许多关键问题，从而为实现未来军事联合作战一体化、信息化、可视化、远程化、小型化、机动化和高效化开辟广阔前景。

通信的革命

电子移民

随着人类进入21世纪的第二个十年，世界正在发生空前的、巨大的和历史性的转变。这种转变的一个典型特征就是全球化趋势不可逆转，信息技术和先进的交通工具正使我们偌大的地球逐步"缩小"，成为一个"村落"。在这样一个被称为"地球村"的时代，世界各国移民风潮迭起，人们由于种种原因，移居到另外的国家。在这股移民风潮中，近年来孕育了一种新的移民方式——"电子移民"。

◎ "电子移民"的产生背景

所谓"电子移民"，指的是这样一些人，他们通过国际互联网，就职于国外的企业甚至政府，他们可以通过国际互联网到国外的图书馆看书，到大学上课，到商店订购物品，到电影院看电影，与世界各地的朋友"面对面"交谈等……总之，通过国际互联网、交互式电视等高新技术及设备，他们就像生活在国外一样，他们的生活空间不再局限于某个国家。当然，这一切都是通过电子的方式，其场景也是"虚拟"的。

这种"电子移民"已经不是童话，以美国强生公司为例，强生公司的一个咨询网络就通过国际互联网雇用了欧洲、日本等地的职员。在中国，通过国际互联网进入外国图书馆的人越来越多，工商管理硕士（MBA）的远程教育也已揭开序幕，北京中关村一些计算机软件工程师及咨询人员也已经通过国际互联网效力于国外的公司。这些人实际上正在扮演"电子移民者"的角色。在中国，这样的人正越来越多，并且逐渐成为一种趋势。

> **广角镜**
>
> **远程教育**
>
> 远程教育，又称远距教学，指使用电视及互联网等传播媒体的教学模式。它突破了时空的界线，有别于传统到教室上课的教学模式。使用这种教学模式的学生，通常是业余进修者。

◎"电子移民"的产生

"电子移民"的产生和发展有着深刻的背景。首先，技术装备的发展为"电子移民"提供了硬件上的保证。信息技术的发展正迅速改变着人们的生活和工作方式。其次，高新技术革命极大地推动了全球化的发展，为"电子移民"提供了广阔的生存和发展空间。当今，跨国公司蓬勃发展，不但公司经营跨越国界，公司职员也成了跨越国界的国际人。一个跨国公司总部往往只有几十个人，但其遍及全球的职员常常多达数万人。对这些整天通过国际互联网进行全球性经营的人士来说，生活空间的概念发生了全新的变革。这些趋势交合在一起，使得"地球村"时代的变化更加迅猛，也使得"电子移民"的发展趋势更为明朗。正是因为产生于这样的背景，"电子移民者"一般都是那些较复杂的脑力劳动者，其中计算机程序设计员是典型的例子。

你知道吗
计算机程序设计员

计算机程序设计员是指利用现代信息技术，从事计算机软件编制和设计工作的人员。本职业共分三个等级：程序员（国家职业资格四级），高级程序员（国家职业资格三级），程序设计师（国家职业资格二级）。

◎"电子移民"的影响

"电子移民"的出现，给久有"井底之蛙"感觉的人们展现了一个看似灿烂的前景，其正面的影响主要有四个方面。第一，"电子移民"的出现为人们提供了更为广阔的生活空间，也为人们发挥自身的才能和创造力提供了更多的机会和可能。第二，"电子移民"的出现进一步推动了全球化的进程。这主要是因为"电子移民"的方式大大加强了国际的交流和融合，包括经济、文化、观念等诸多方面。第三，"电子移民"的出现，将有助于解决传统移居式移民的众多问题，例如城市拥挤、人口过度集中等。"电子移民"将使人们拥有更广阔的空间选择，而且逐步淡化人们的城市观和国家差异感，使人们可能选择在那些更为清洁、安逸的中小城市和发展中国家定居。第四，"电子移民"的出现，对信息技术及相关高新技术提出了更多和更高的要求，例如

通信的革命

多媒体国际互联网的发展，真正意义上的全球信息高速公路等。

当然，在这些蓝图的后面，"电子移民"的出现也给人们带来了一些忧虑。首先，"电子移民"的出现，在某种程度上弱化了"国籍"的概念，这给传统的国民观念带来了极大的冲击，也向各国现行的国民管理模式提出了挑战。其次，"电子移民"的出现，使人与人之间面对面的接触减少，可能会使一些整天沉迷于电子网络中的人本身也出现"电子化"的趋势。也就是说，他们将习惯于虚拟的空间，导致出现空想、不务实际和人际关系冷漠等心理问题，成为一种所谓的"电子化人"。最后，一些"电子移民者"利用互联网进行各种国际犯罪活动，例如，网络黑客利用互联网进行金融犯罪、入侵国家安全网等。

信息技术的负面效应

人类社会进入 20 世纪 80 年代以来，由于信息技术的迅速发展和信息技术产品的大量涌现，人们终于认识到以电子技术为核心的信息科学将会使整个世界发生翻天覆地的变化。然而，几乎与此同时，人们也发现信息技术也会带来不少负面效应，即"问题和麻烦"。

◎ 信息骚扰　已成公害

随着电脑和多媒体技术的普及应用，越来越多的机关、企业和家庭使用电脑和多媒体设备来处理和解决日常工作和生活中的信息和问题。然而，各种各样的信息骚扰，却给人们带来了极大的烦恼，它无时无刻不在威胁着正常的工作和生活秩序。

信息垃圾也正在不断地骚扰着人们的日常工作和生活。人们在打开计算机时，常常会发现一些无用的信息或废弃的信息充塞在计算机的存储器内。这样不仅严重地侵占了计算机的容量，减缓了计算机的运算和处理速度，而且还会妨碍使用者的正常工作。对于这些意外的高级"垃圾"的出现，已经引起各国计算机专家们和信息业界的关注，一项旨在消除计算机垃圾和清理磁盘的活动正在积极开展，以减少它们的危害。

◎ 心理障碍　难以逾越

近年来，语音合成技术的发展终于使诸如家用电器、汽车等物品"开口说了话"，许多制造公司已把家庭看作推销新产品的重要市场。虽然，家用电器智能化给使用者带来了诸多便利，然而不幸的是这些能够开口说话的产品一时还无法打破人们的心理障碍，问津者寥寥无几。一位家庭主妇一针见血地说："家里已经够乱了，丈夫、孩子都对我指手画脚，如果家用电器再向我发号施令，那不是要逼我发疯吗？"这种感受，我们不难从下面一段电脑化的生活情景中略见一斑。

清晨，程控电话机准时发出"到点了，该起床了"的催促声。当你起身走进厕所，刚方便完，水箱便提醒你"别忘了用水冲洗"，你赶紧去按冲水开关。你刚把咖啡壶电源接通，烤箱却大叫起来"面包焦了，面包焦了"。你刚想把牛奶和面包端上餐桌，个人电脑又提醒你"现在该去遛狗了"。同时药瓶又用温柔动听的语调提醒你"请按时服药，一次两片"。接着电子记事本用极端认真负责的态度告诉你："今天开董事会议，别忘带文件。"当你遛狗回来时，正赶上电脑紧催："上班时间到了，赶快出门。"你喝上几口牛奶，抓起面包冲上汽车。汽车还没有启动，车内的录音机又发出："为了您的安全与幸福，请系好安全带。"你只好顺从地放弃马上启动车子的念头，默默地系上安全带，然后深深地叹上一口气，心想："我是不会幸福的，因为我天天得受电脑的摆布。"

◎ 电脑侵害　触目惊心

伴随着信息时代而来的成千上万的各种电子产品在地球每一个角落终日不停地发送着电磁波，这种被科技人员称为"幽灵电波"的电磁辐射污染日趋严重。电磁波无孔不入，它是一种看不见、摸不着、听不到的"冷面杀手"。它可以任意穿透多种物质，它的存在，不仅会影响人们正常收看电视、收听广播，而且还会给人们的身体健康带来不利影响。当你收看电视节目时，突然屏幕上出现一片闪烁亮点，伴音也被噪声淹没。几分钟后，一切恢复正常。遇到这种情景，你不必怀疑电视机有毛病，只要到左邻右舍去打听一下，八成是有人在使用电吹风、吸尘器之类的电器。在大城市里，诸如此类的电

通信的革命

磁波侵害事件，不胜枚举。

另一个触目惊心的例子是：一架民航客机正在飞近机场，飞行员收到着陆信号后，开始降低高度寻找跑道。结果飞行员忽然发觉飞机并未到达机场上空，急忙拉高飞机，才避免一场机毁人亡的悲剧。事后调查发现，原来是当飞机飞过一家工厂上空时，从工厂高频电炉中泄漏出来的电磁波充当了着陆信息，造成飞机导航仪表的错觉。

知识小链接

高频电炉

高频电炉，又名高频加热机、高频感应加热设备、高频感应加热装置、高频加热电源、高频电源，是一种低耗节能环保型的感应加热设备。它的应用范围十分广泛。

人体长期吸收电磁波后，也会发生一系列的变化。医学专家指出，电磁波能使人体生物组织分子增加动能，造成皮肤温度升高、血液流动加速、蛋白质吸收迟缓、造血机能减弱，导致诸如低血压、头痛、疲乏、失眠、脱发等多种症状。特别是人的神经系统受到侵害时，会发生眼睛失明、嗅觉下降、过敏等病症，甚至会有致癌作用。难怪环保专家极力呼吁，现在该是制止21世纪"第五公害"电磁波侵害的时候了。

◎ 智能犯罪　防不胜防

随着社会活动走向信息化，电脑已成为机密和财富最集中的"魔盒"，因此它已成为智能犯罪的主要目标。尽管电脑网络在平常人眼里关防严密，措施周到，但对于电脑窃贼而言，远比想象的要脆弱得多。一位作案多年的电脑窃贼声称，在电脑里什么都能偷得到。

一名英国牧场主溜进某食品公司的电脑室，输入事先编制的电脑程序。于是，他每月定期收到一张由电脑签发的款额为2000英镑的支票，作为他"卖给"食品公司鲜肉的货款。但电脑并不知道，该牧场主从未卖给食品公司鲜肉。

国内首次银行电脑犯罪发生在广东深圳，时间是1986年7月，当时银行损失人民币2万元，港币3万元。1990年，在上海也曾发生两件由银行工作人员作案的电脑犯罪，冒领他人存款7万元和骗取存款利息7000多元。

电子窃听是又一种令人头痛的智能犯罪。当今世界，不仅军事、情报部门在截收空中的每一束电波，而且工业间谍、私人侦探，甚至家庭主妇们也在想方设法地用电子装备来窃听各自感兴趣的信息。随着电子技术的发展，窃听变得无所不能、无所不在。窃听装置可以小到像针头那样，可以任意装在墙壁、桌椅、窗户、衣服等难以察觉的地方，而且装置的控制、信息的传递和处理已达到炉火纯青的地步。例如，一只安装在椅子里的窃听器，只要有人坐下，它就自动开始工作，15分钟的窃听内容可以在百万分之一秒的时间内发送完毕，通过1.6千米外的接收装置即刻可将内容显示出来。

目前，窃听的范围已从国家机密、商业行情、科技信息发展到政党大选、案件侦破、个人隐私，甚至于恶作剧开玩笑，弄得不少部门和人员惶惶不可终日，成天提心吊胆，疑神疑鬼。

伪造货币、信用卡、股票又是智能犯罪的另一种表现。当今电子技术的突飞猛进，复制任何产品已不再是一个难题。在日本和美国，不少企业、银行尝尽被伪造之苦。日本继发生大量伪造万元面值货币与信用卡后，又发现伪造股票。此外，世界各国还不断发现利用电子技术伪造的护照、证件、政府文件、音像制品和产品商标。

◎ 阵痛难免　道路曲折

种种迹象表明，信息时代的诞生和发展，并非像开始预计的那样理想和美好。正如美国信息工业协会一名负责人所说的那样，现在我们还只是处于一个转换阶段，阵痛现象在所难免。美国《时代》周刊也撰文指出，虽然目前问题存在不少，但是并没有人准备放弃信息时代，因为它与任何一个新生事物一样，总会经过一个曲折的过程。信息时代最终毕竟会给人们带来崭新的希望，只是人们不要重蹈以往过热预测的错误。

◎ 挑战高科技的幽灵

目前，世界上的计算机病毒发展和泛滥异常迅速。近年来，有关计算机

> 通信的革命

病毒骇人听闻的消息屡见报端，不少大公司、证券交易所、科研部门的业务信息、数据毁于一旦，并为此付出了惨重代价，甚至连国家的保密部门、军事机构也难以幸免。虽然各种防范措施、杀毒软件纷纷出台，但是"明枪易躲，暗箭难防"。美国在海湾战争中首次使用计算机病毒武器，导致伊拉克军事指挥中心的主计算机失灵，便是最好的例证。难怪计算机专家对计算机病毒谈虎色变，称它是一种比艾滋病还要可怕的瘟疫。

1988年11月12日，美国五角大楼军事计算机中心的数万台微机终端上，突然同时出现了一种形似蠕虫的符号。这种"小虫"使这个由25000台计算机组成的庞大网络中的6000台微机瘫痪24小时，一天中造成了1亿美元的损失。不过美国人还是感到庆幸，因为这一天没有发生战争。

1989年10月13日星期五，荷兰全国的10万台计算机突然全部失灵。同一天，英国、法国、美国和瑞士的难以计数的计算机也莫名其妙地受到不同程度的破坏。后来人们才知道，这是一种名为"黑色星期五"的计算机病毒在作怪。这次劫难给全球计算机用户造成了巨大的经济损失，人们将这一天称为"黑色星期五"，臭名远扬的"黑色星期五"计算机病毒也由此而得名。

这些现象引起了专家们的高度重视，调查发现，被病毒感染的计算机数量正以每两个月增加一倍的速度迅速递增，大有横扫全球之势。层出不穷的侵袭事件，愈演愈烈的危害程度，使许多依赖计算机工作的用户提心吊胆，战战兢兢，几乎到了谈毒色变的地步。

计算机病毒——这种人类当代高科技的衍生物，如幽灵般地在地球的各个角落游荡，使计算机事业及与之密切相关的人类工作和生活，受到日益严重的威胁。

网络警察

信息高速公路——互联网的建立象征信息时代的开始。于是，人们争先恐后地在信息高速公路上"奔驰"。当然，罪犯也挤进了信息高速公路。他们在网上散布色情作品，进行网络赌博，金融犯罪，甚至恐怖活动。

知识小链接

金融犯罪

金融犯罪是指发生在金融活动过程中的、违反金融管理法规、破坏金融管理秩序、依法应受刑罚处罚的行为，诸如洗钱、金融诈骗等均是我们日常生活里所熟悉的金融犯罪类型。

网络犯罪引起了各国政府的高度重视。如今，信息高速公路上终于出现了网络警察。

一位蓄着大胡子、身材魁梧的德国人手握鼠标器，眼盯着电脑屏幕在互联网上浏览。他一坐就是一天，有时候晚上也接着干。他是网络迷吗？不。他叫默韦斯，49岁，是德国第一位网络警官。他正在互联网上巡逻。

几乎同时，千里之外的美国首都华盛顿，一位叫史蒂夫的美国自由撰稿人莫名其妙地发现在一个月里有人"代他消费了10万美元"。百般无奈，史蒂夫雇了一名电脑网络侦探才找到了罪犯。罪犯也叫史蒂夫，住在佛罗里达州，他设法取得联网消费系统中同名同姓的华盛顿的史蒂夫的社会福利账号和信用卡密码后就大肆挥霍。受害者立即报警。由于有那位名为侦探实为网络高手提供的详细证据，最终罪犯被抓获归案。

1997年10月21日，《华盛顿邮报》透露，美国国会举行秘密听证会，内容是网络恐怖活动可能已经严重威胁美国电力和通信网络的安全。

互联网的出现给人类社会带来了无限前景和便利。但是，每一种新生事物的出现都既有积极的一面，也有消极的一面。近年来，网络犯罪十分猖獗，手法多端，是一种在空间和时间上极具

广角镜

网络警察

随着科学技术的发展，网络逐渐成为人们用来交流、获取信息的重要工具，但同时网络犯罪也随之而来。由于网络犯罪的特殊性，网络警察既要拥有计算机相关专业技能，又要具备一定的网络案件办理经验。

通信的革命

特殊性的犯罪。一些专家指出，如果再不设立网络警察，后果将不堪设想。为此，世界各发达国家纷纷设立专门对付计算机犯罪的网络警察。网络警察在互联网上巡逻监视，对网上出现的金融诈骗、赌博、儿童色情作品进行千里追踪，对专门从事危害公众安全的恐怖和破坏活动的网络黑客进行监视和追踪，为给罪犯定罪提供证据。

在英国，伦敦警察局犯罪部内专门设有从事电脑高科技犯罪侦破工作的网络警察，虽然只有寥寥数人，但是极具权威，效率很高。目前，该部已经成为整个欧洲侦查网络犯罪的信息中心。

在法国，巴黎警察分局的信息技术犯罪侦查处，10多位网络警察都是处理、侦破信息犯罪的高手。面对信用卡伪造犯、走私犯、保安或其他重要自动控制系统干扰犯和众多的公共网络罪犯，法国网络警察捍卫着巴黎的信息高速公路，为企业保驾护航。

网络警察

拓展阅读

中央情报局

中央情报局是美国政府的情报、间谍和反间谍机构，主要职责是收集和分析全球政治、经济、文化、军事和科技等方面的情报，协调美国国内情报的活动，并把情报上报美国政府各部门。

在美国，中央情报局和联邦调查局分别设有专门的电脑网络管理机构，其中云集许多美国电脑网络高手。尽管上述两局各有分工，但是针对网络犯罪的目标却是一致的。

在德国，成立了由默韦斯领导的打击高科技犯罪的工作小组。1997年年底，这个小组因工作的重要性而被升格为局。其他警察部门的警官只在一定条件下追踪互联网上的犯罪活动，而慕尼黑的这个局是唯一专门对付网络犯罪的机构。默韦斯局长的职责是执行全球计算机网络的巡逻任务。在一次海外突击行动中，默韦斯率领一个五人小组搜查缴获了几十个计算机硬盘、显示器和打印机。但是这些缴获品还不是最终的罪证，警官们利用这些缴获的装置，"在字节和比特中搜索证据"，以便给罪犯定罪。默韦斯曾在一年中查获了110例涉嫌传播儿童色情作品的案子。

不要以为网络警察的工作是十分轻松的，实际上他们对手的"实力"十分强大，犯罪手段和目标变化多端，犯罪痕迹稍纵即逝。

通过网络传播电脑病毒，破坏他人的电子信箱是常用的犯罪手段。曾经十分猖獗的"梅利莎"病毒就是通过这种途径传播的。在互联网中共享软件的诱惑下，许多用户使用了潜伏电脑病毒的文件，不知不觉地使自己的电脑也"感染上了病毒"。

拓展思考

联邦调查局

美国联邦调查局，是世界著名的美国最重要的情报机构之一，隶属于美国司法部，英文缩写 FBI。美国联邦调查局根据职能和授权，广泛参与美国国内外重大特工调查案件，现有的调查司法权已经超过200种联邦罪行。

最近，网络警察还发现了专门用来对无辜用户的电子信箱进行狂轰滥炸的"电子邮件炸弹"。所谓"电子邮件炸弹"是指电子邮件的发件人利用某些特殊的电子邮件软件，在短时间内重复不断地将电子邮件寄给同一收件人。其情形就像用炸弹对某一个地点进行无休止的轰炸，危害极大，不仅破坏用户的电子信箱，而且还会大量消耗网络资源，甚至影响到网络主机系统的安全。

今天，大多数银行业务都实行了电子化。这样一来，接近商业计算机就等于接近了金钱。一些犯罪集团收买酒店、商场的员工。这些人在给客人用信用卡结账时，暗中把信用卡在自己私藏的一种电子信用卡密码套取机上擦过，这样就录制盗取了信用卡的磁记录资料。最新型的磁码套取机只有香烟盒大小，却可以存储100套信用卡的磁记录资料，而且很容易藏在身上。犯

通信的革命

罪集团采取类似移动电话"烧机"的原理，依据这些客户的资料就可以去伪造一张与原信用卡一样的假卡。然后，犯罪集团利用信用卡全球联网的特点，派出被称为"车手"的人把假卡带到国外去购物套现。

当然，犯罪集团更乐意打入大银行内部的计算机管理系统，收买银行的计算机管理人员，盗窃巨额的客户资金，然后通过复杂的网络账户转换，隐匿罪证，把资金神秘地转移到海外。

网上赌博正以极快的速度吸引全球的各类赌徒上网豪赌。网上赌场的老板纷纷开辟一种叫"电子卡西诺"的赌博。虽然赌场是"虚拟"的，但是它的时空范围却令任何赌场望尘莫及，所以对赌徒有极大的刺激性。当然，金钱输赢也是实实在在的。极少数人一夜暴富，但是大多数人会不断地输下去。

一些黑社会分子还利用计算机高手进行网络报复，他们毁掉受害人的信贷记录，伪造受害人信用卡的超额透支，捏造受害人在警方电脑档案中的犯罪记录，然后通过某种途径使受害人的雇主"了解"受害人的种种"不光彩的经历"。

更令人担心的是，近年来一些色情犯罪分子闯入了互联网，特别针对少年儿童，传播大量的引诱少年儿童的色情活动图像。

> **你知道吗**
>
> **信用卡**
>
> 信用卡是一种非现金交易付款的方式，是简单的信贷服务。信用卡一般是由银行或信用卡公司依照用户的信用度与财力发给持卡人，持卡人持信用卡消费时无须支付现金，待结账日时再行还款。

军用计算机网络系统、通信网络系统、电力网络系统早先只是受到业余网络黑客的干扰。然而，业余黑客成功的先例引起了恐怖组织的兴趣。如果让恐怖分子得手，掌握或破坏这些国家机器的中枢神经系统，国家安全将受到严重的威胁。

网络警察已经受到各国政府的高度重视，然而，由于这是警察种类中的"新品种"，在具体运作中会遇到许多问题。

首先是互联网造成的法律问题。各国法律对什么人应该对互联网上的内容负有的法律责任的规定迥然不同。例如，对构成色情作品的要素，对受害儿童年龄的界定等，各国的法律差别就很大。这就意味着网络警察要把罪犯绳之以法绝非易事。默韦斯说："我们面临的困难是，许多在德国属于非法的黄色作品，在另外一些国家却是正常的、合法的。"尽管慕尼黑网络警察把追查到的网络罪犯的证据移交给有关国家，但是迄今为止，他们还没有得到关于对犯罪分子绳之以法的任何消息。即使在德国，法律的执行也很缓慢。网络警察最近查获的几起儿童色情作品案的嫌疑犯至今仍未被定罪。

网络警察只能在互联网中寻找罪犯，但是却不能抓人，不能给任何人定罪。他们只能把网络犯罪的证据移交给有关部门的警察。默韦斯回忆说，一次，我们通过互联网"结识"了可以提供儿童色情作品的犯罪嫌疑人。我们和他约定了时间地点去买他提供的色情商品，然后我们就通知了慕尼黑警察局的特工。我们的特工来到了约会地点，大致看了录在计算机软盘中的儿童色情作品的内容，接着就对嫌疑犯的住宅进行了搜查，没收了他的计算机和软盘。

可是，这种使罪犯上当，把罪犯当场抓获的"完美无缺"的结局很少。通常，网络警察通过搜索互联网上的关键词设法查出发出非法资料的网址。但罪犯常常在互联网上以匿名的状态出现，这样就造成了侦破工作的困难。这种没有区域界限，隐蔽性极高的"无现场"的高科技犯罪，几乎无法当场抓捕，取证工作更是困难重重。

但是，毫无疑问，网络警察的出现已经使得网络犯罪得到了一定程度的遏制。随着各国网络警察的壮大和国际合作的加强，信息高速公路无人管理的状态必将结束。

电话"管家"

众所周知，电话机自一个世纪前问世以来共发生了两次变革。第一次变革在20世纪20年代，是以人工电话接线方式的形式出现的；第二次变革在20世纪50年代，是以按键电话拨号方式的出现为标志的。随着社会的发展、技术的进步、人们生活水平的提高，电话机即将经历一次形式和功能两方面

通信的革命

的第三次变革。不过，这一次改进的不是拨号方式，而是给人们提供一个迅速扩大的包括通话服务、信息和事务处理服务在内的系统。

这种将电话、电脑、可视一体化的电话机，越过目前的按键电话模式，不只是作为点与点之间声音联系的工具，而是充当整个通信中心的电话机。它使许多现有的通话服务改由当地的电话局提供，如电话等候、电话转接、磁卡电话等。另外，这种电话机采用显示于屏幕上的菜单目录和信息来代替复杂的电码和程序。例如，电子电话号码簿服务，使你能够在自己的电话屏幕上看到当地或全国的白页或黄页上的电话号码。医疗信息服务，可以把有关用药处方和毒性控制的忠告送到眼前。另外，可以查阅学校、图书馆、地方政府和其他社会团体提供的一些事件公报，并提供银行、购物、旅行、新闻和调查等方面的服务。你甚至可以不拿起话筒就向饭店预订座位或订购食品。

目前，带有显示屏幕和处理资料能力的电话机并不十分新鲜。许多共用电话系统，如专用小屏幕的电话机可显示电话号码和使用传呼服务的信息。甚至一些小行业和住宅电话，现在也有一线或二线的液晶显示屏幕，用来显示如日期、时间和所拨的电话号码。此外，有几家公司已经制造出了家用电视电话。目前使用的按键电话机不仅是电话通信管线中的大瓶颈，而且还要具有高度电脑化的公用电话网络。在这个电话网络中，有许多功能用户不能用，是因为在他们那一端的电话线上没有合适的工具。

目前，美国电话电报公司设计出一种新型的电话机，它的外表近似电话机，但只有话筒是借鉴于传统的电话机。这种电话机用一个平坦而灵敏的触摸显示器来代替传统的按键，在屏幕上有一个按键键盘和几个模拟按键（包括重拨、占线、静音和免提等功能）。这种电话机的内部装有一个小型电脑，一块两面的电路板上装有一个 16 位的微型信息处理器和一个传输频率为每秒 2400 比特的调制解调器。黑白显示器用来显示书写符号、线条和其他符号。

美国电话电报公司把这台电话机的全部控制器集中于屏幕的做法，是一个明智之举。它解决了人们既想要功能齐全的大显示器，又希望电话机小巧便捷的矛盾。这种电话机比如今大多数的住宅电话机要宽一些，但是没有普通的台式电脑或显示终端那么大。

现代通信时代的生活

刚开始启用这种电话机时，必须事先设置显示目录，设置出一些标有"家庭""朋友""生意伙伴"和"高尔夫球手"的按键，每一个按键跟着一个屏幕画面。这个屏幕画面上又有标出姓名的自动拨号键或进一步分类别的按键，如"朋友"再分为"邻里""本地"和"外埠"等子目录。

这种电话机还可以通过记录拨号动作，或从集成的磁卡电话显示器上获取号码的方式，来储存新的

智能电话管家

电话号码。在保存个人电话号码簿方面，它比起如今许多带有电子功能的电话机上使用的快速拨动的按键来要更聪明。

这种电话机的可视屏幕，有助于使特殊的通话服务简化和个人化。该电话机还可以缩短转接电话的过程，只要按几个屏幕上的按键，一条信息就持续地闪现在屏幕上，提示你的电话正拨向何处。你甚至不用给电话公司打电话，自己就能启用和中止这项服务。

这种电话机最具诱惑力之处还不仅在于它能提供大量可视信息。它的潜能还在于能将各种业务带入家庭，而且没有个人电脑的复杂性和按键电话的局限性。像付账、现金转账、核对收支账目是否平衡等银行业务，使用这种电话机比现行大多数使用按键电话或电脑的家庭银行服务要简单得多。在提供购物、旅行、新闻的服务方面，也是如此。

美国电话电报公司还在进一步研制一种能够同时进行声音与资料的传递，并具有高分辨率的彩色画面和双通道的视频图像的电话机。但是，这些改进要求光纤电话线有更高的频带，即更好的信号传输能力以及综合业务数字网与家庭的连接。综合业务数字网能够使若干个电话与若干项业务服务结合于同一根线上，并同时得到传递。

美国北方通信公司的下一代电话机同美国电话电报公司的样机一样，包含了许多组成部件，如16位的微型信息处理机等。北方通信公司的电话机也

201

通信的革命

采用了一个调制解调器，不过，这是一个仅用于接收的调制解调器，类似于使用带有磁卡电话功能的电话机中的那种。这种电话机不是采用数据流，而是采用按键信号来发射反应信号。

在外形上，北方通信公司的屏幕电话机与电话电报公司的电话机很不相像。北方通信公司的电话机没有使用触摸敏感的大屏幕，而是用了一个普通的拨号键盘和一个外观质朴的三线液晶显示器。该显示器由安装在屏幕下方的一套由三个按键组成的装置控制。这些按键的功能根据屏幕上呈现的内容而改变，类似于自动取款机的工作方式。还有两个箭头形的按键用来将显示的内容上下移动，使你在工作时获得多于一次屏幕呈现的信息。紧靠键盘的六个单功能键（标有如"复制""电话号码簿"和"特征"等字标），也可以帮助你下指令到屏幕上。

> **趣味点击　调制解调器**
>
> 调制解调器是指能将数字信号转换成模拟信号在电话网上传送，也能将接受到的模拟信号转换成数字信号的设备。由于目前大部分个人计算机都是通过公用电话网接入计算机网络的，因而必须通过调制解调器进行上述转换。

因为仅有几个词显示在屏幕上，所以北方通信公司的电话机还有语音提示，伴随使用者在屏幕上看到的信息或选择而出现。北方通信公司说，这个听得见内容的系统将使服务（特别是电话公司和处理事物的服务）更加方便，因为在整个过程中，顾客都会得到语音提示。

北方通信公司的可听内容系统也可以和已提供给电话使用者的语音信息同时使用，例如天气与体育信息。由于使用了按键、推移显示内容和语音提示等技术，这在一定程度上减少了对大屏幕的需求。所以，北方通信公司的电话机不如电话电报公司的电话机那样适合接通多种信息服务。但是因为它的屏幕小，其售价也大大低于美国电话电报公司的产品。

告别了电话簿的国家

法国是第一个告别了电话簿的国家。没有电话簿，打电话不是很不方便吗？其实，一个比查电话簿更方便的东西取代了它。

原来，法国电信部门为每个电话用户都免费配备了一个小巧的可视图文终端机。这是一个由键盘、电视屏幕和调制解调器组成的设备。操纵这个与电话机接在一起的小终端机，便可以与一个叫"法国国家电子姓名地址录"的数据库相连接。通过键盘键入你所要找的人的姓名或地址（或单位名称），用不了几秒钟，在终端机的屏幕上就能显示出你所要查找的对方电话号码。更有意思的是，如果你牙痛需要诊治，只须在终端上键入"牙痛"以及你的住址，很快在终端机屏幕上便会显示你所在地区牙科医生的姓名及简单介绍。如果你选定了其中的某位牙科医生，便可键入该牙科医生的姓名，这时屏幕中便会显示这位牙科医生的住址、电话以及前往诊所的乘车路线等。

知识小链接

终端机

终端机即计算机显示终端，是计算机系统的输入、输出设备。计算机显示终端伴随主机时代的集中处理模式而产生，并随着计算技术的发展而不断发展。终端机又称共享器、分享器、电脑共享器、电脑分享器。

上述可视图文系统除了用于查找电话号码外，还有许多其他用途。例如，你可以操纵终端机从可视图文中心获得有关气象、娱乐、交通、旅游和购物等多种多样有用的信息，了解发生在世界各地的最新新闻以及进行电子游戏、与电子计算机对弈等一类的自娱自乐的活动。所有这一切，都可以在毫不费力地按动键盘中完成。正因为这个缘故，有人就把可视图文系统称为"指尖上的世界"。由于它拥有的信息量大，门类齐全，又有人送给它"电子百科全书"的美称。

可视图文系统由可视图文中心、通信电路和用户终端设备三大部分组成。

通信的革命

在可视图文中心里存有大量的信息和资料。当你需要从那里得到某项信息或资料时，可以先查一查该中心编发的目录，得知该项信息在"中心"存储器里所在的页码时，便可拨通该"中心"的电话，用终端机的键盘直接输入该页码的数字，这时在终端显示器上便会显示出你所需要得到的信息。

如果你所需要的信息不能直接从"目录"中查到页码，也可按照系统提供的引导，逐步缩小信息范围，直到查到你所需要的信息为止。例如，你想去S城旅游，临行前想了解一下那里饭店、宾馆的情况，以便提前预订好合适的房间。这时你可接通可视图文中心，键入S城的代码，这时屏幕上会出现一份"菜单"供你选择：1号键——概况；2号键——交通；3号键——住宿；4号键——娱乐……由于先想解决住宿问题，所以你只须键入"3"。这时在屏幕上又会出现一份"菜单"，如：1号键——高级宾馆；2号键——一般旅馆；3号键——汽车旅馆；4号键——活动住宅……如果你决定住一般旅馆，只须键入"2"，这时屏幕上便会将S城一般旅馆的名称、地址、设备状况以及各类房间的价位一一列出，供你选择。你有了明确的意向后，还可以通过该可视图文系统提前办理客房预订手续。

我国第一个可视图文系统是1993年在上海投入运行的。此后，广东、河北、辽宁、河南、北京等很多省市也相继开通了可视图文系统。丰富的信息资源和灵活、快捷的服务，受到越来越多人的欢迎。

无纸时代

纸，作为一种主要的信息载体，在我国已有几千年的历史。但随着信息化时代的到来，用纸储存信息所存在的容量小、成本高、复制困难和不易保存等缺点逐渐显露了出来。电子媒体的出现更使它面临严重的挑战。因而，有的专家预言，21世纪将是一个无纸时代。电子媒体是综合利用

无纸办公

计算机在存储和处理信息方面的特长以及现代通信在传递信息方面的非凡本领的一种新颖媒体。与纸媒体相比，它具有容量大、体积小、成本低、检索快、易复制、易保存、易处理以及声像并茂等优点。另外，它消耗的资源也较少，有利于环境保护。正由于上述这些原因，无纸化将是未来社会的一个发展趋势。

◎ 无纸办公

以计算机、文字处理机、传真机、复印机为代表的现代办公设备已经大量进入政府机关、学校和企业的办公室。这些设备将逐渐代替纸和笔来处理文字、数据、图像等各类信息。当信息需要保存下来时，只要按一下计算机的某个按键，它就会被储存在计算机内。什么时候需要，什么时候就可以方便地取出来。电子信函的出现，更使往来公文以至家书从书写、传递到阅读，全部都实现了电子化。

> **你知道吗**
>
> **无纸办公**
>
> 无纸办公是理想的办公环境，是一种所有的信息在计算机和网络等现代办公设备基础之上以非纸张形式的数字、电子等方式进行的信息存储、操作和传送的办公方式。

◎ 无纸贸易

联合国的一次调查表明，每进行一次进出口贸易，贸易双方需要交换的文件、表格就有近 200 份；全世界每年用于贸易活动的文件数以亿计。这不仅需要耗费大量纸张，投入大量人力，而且还很容易发生差错。

近年来，随着计算机技术和通信技术的飞速发展以及彼此的融合，一种叫电子数据互换（EDI）的技术被应用到金融、贸易和商品销售等领域。它以计算机和计算机之间的数据互换以及自动处理，代替了以往大量的文件、表格往来。这不仅节省了大量纸张，也大大提高了工作效率。与过去那种"埋在纸堆里的贸易"相比，人们形象地称这种新的贸易方式为"无纸贸易"。

据报道，新加坡在采用"无纸贸易"之后，每年可节省贸易经费约 10 亿新加坡元；办理进出口报关手续所需要的时间也由原先的 3 天缩短到了 15 分

通信的革命

钟。美国通用汽车公司采用 EDI 之后，每辆汽车的成本减少了 250 美元。对于金融、保险业来说，EDI 在缩短转账时间、加快资金流通和争取有利的投资机会等方面，也都卓有成效。

◎ 无纸图书馆

现在，在出版业界，以电子出版物取代原有的纸媒体（书、报、刊）的趋势已十分明显。这是因为电子出版物有许多突出的优点。例如，英国牛津大学出版社出版的《牛津英语词典》（第 2 版）共 20 卷，字数约 6000 万字，重达 62 千克，而今改用电子方式出版，只需一张巴掌大的光盘即可容纳。其保存、检索、复制以至价位方面，都是纸媒体出版物所无法匹敌的。在日本东京，已经出现一些没有书的高科技图书馆。在这类图书馆里，都有一个存有很多文件、资料的大型数据库，还有多种 CD-ROM，内容涉及政治、经济、文化、科学、体育等众多领域。读者入馆后，可通过计算机终端读取自己所需要的信息、资料。

综上所述，作为计算机与通信相融合的产物，电子媒体正风靡全球。人们不久将会看到，电子图书、电子报刊如雨后春笋般地出现，屏幕对屏幕的交易将会部分代替昔日风尘仆仆的面洽。

➡ 非同寻常的全球定位系统——GPS

十几年来，GPS 正在世界上越来越多地进入包括军事在内的各个领域，创造出一个又一个的奇迹。GPS 是什么？它乃是 Global Positioning System 的首字母缩写，即"全球定位系统"。这项计划 1973 年发端于美国国防部，是一个由 24 颗地球卫星组成的人造星座。

◎ GPS 显神通

说起 GPS 的神通，最好先来看一桩多年前发生在非洲大沙漠里的奇事。那是 1992 年 4 月，巴勒斯坦民族解放阵线主席阿拉法特的座机在飞行途中突然遭遇沙暴而迫降在撒哈拉大沙漠里。巴勒斯坦民族解放阵线总部获悉此情后立即组织救援，但是使出了浑身解数仍毫无结果。不得已，最后只好求助于美国的这个 GPS。奇迹出现了，仅仅花了十几个小时，借助 GPS 那神奇的威力，在茫茫沙漠里找到了飞机的准确位置，从而使阿拉法特得以死里逃生。

还有一则例子。1995 年，也是这个 GPS 全球卫星定位系统，曾帮助解救了美国空军上尉飞行员奥格雷迪。这位飞行员驾驶的 F－16 战斗机在波斯尼亚上空被击落，幸好跳伞成功。而在他救生防护衣内的物件中，有一部手持 GPS 接收机。当时，奥格雷迪已被塞军士兵追踪了 6 天。他操纵这部接收机成功地测得了自身对一个美军搜救小组的坐标。然后，几架救援直升机也靠着 GPS 接收机提供的数据，穿过山中云雾，直飞目标区，并发现了奥格雷迪。这名飞行员终于摆脱了死神。

除了军事上的用途以外，GPS 还在越来越多的民用领域日益得到应用。它甚至正在开始改变人们生活和工作的方式。

还是举例来说明吧。那是 1995 年 8 月的一天，晚上 8 时多，在美国加利福尼亚州奥克兰救护车调度员芬克的计算机屏幕上闪烁出一个红色信号。有一名妇女刚拨了 "911" 这个报警号码，她的老父亲突然发生呼吸麻烦，生命垂危。芬克点击了计算机上一个键，屏幕上跳出 5 个数，第一个是 "534"。在一张地图上，在拨号者的位置闪出一朵黄色雪花；附近，一个标有 "534" 的蓝色方块出现在高地医院停车场，那是 534 号救护车。芬克又敲了一个键，给车组发信号。几分钟后，就有两名护理人员敲开病人家门，他们给突然停止了呼吸的病人紧急输氧，接着又很快将他送进医院。数分钟内，病人即呼吸自如，他感谢护理人员救了他的命。

◎ GPS 工作原理

事实上，救了病人性命的还是 GPS，即那个大约在 17600 千米高空围绕地球旋转的由 24 颗卫星所组成的全球定位系统。这些卫星沿六条轨道运行，它们都配备有原子钟、计算机、接收机和发射机。GPS 的工作原理并不复杂：卫星以每秒 1000 次的速率发送自己的位置和时间；地面接收机测得接收到卫星每个信号时所用的时间，便可确定本机到卫星的距离；将获自几颗卫星的这类数据加以合成，就能计算出本机所在的纬度、经度和高度，从而实现近乎实时的导航定位。

通信的革命

GPS接收机的发明者是美国一位电器工程师，名叫特林布尔。他于1978年开始制造接收机。今天，位于加州的桑尼维尔特林布尔导航公司已成为GPS接收机产业的一个巨人，该公司制造的GPS接收机几乎无所不能，它可以用来给游轮导航，为美国全国和当地的电视广播进行同步等。

基本小知识

GPS接收机

GPS接收机是接收全球定位系统卫星信号并确定地面空间位置的仪器。GPS卫星发送的导航定位信号，是一种可供无数用户共享的信息资源。对于陆地、海洋和空间的广大用户，只要拥有能够接收、跟踪、变换和测量GPS信号的接收设备，即GPS信号接收机。

使用卫星引导城市里的救护车之类其实不是当时设计GPS的初衷。美国五角大楼于20世纪70年代初便开始GPS的计划工作，这项计划的主要目的是为了协调舰艇、飞机、导弹和军队的作战行动。整个系统到1993年末全部完成。不过，在1991年的海湾战争中，GPS已经显示出了很大的神通——为轰炸机和炮火提供精确的目标指示。此次战争中，美军还使用手持GPS接收机来准确地引导己方部队穿越那人迹罕至的中东沙漠地区。GPS这个人造星座确实有着非凡的本领。它不仅用于军事目的，而且可供各种民用，如防止飞机空中相撞，帮助农民耕种，协助清除海洋油污，甚至给高尔夫球击球员充当助手等。在美国一家技术研究信息公司供职的杜兰尼说："GPS的应用领域如此之广，你是很难说完全的。"下面，只列举其中的几个大概就足够说明问题了。

知识小链接

轰炸机

轰炸机是一座空中堡垒，除了投炸弹外，它还能投掷各种鱼雷、核弹或发射空对地导弹。轰炸机可以分为轻型轰炸机、中型轰炸机和重型轰炸机三种类型。轻型轰炸机一般能装载炸弹3~5吨，中型轰炸机能装载炸弹5~10吨，重型轰炸机能装载炸弹10~30吨。

引导汽车。监视汽车的行驶是 GPS 的初始商业应用之一。如在美国旧金山国际机场，你租一辆福特牌汽车，车上备有一幅叫"永不迷路"的计算机式地图，地图与一台车内接收机连接。在 GPS 跟踪车子的位置时，车内计算机在小型屏幕上产生一幅彩色地图。按你所住旅馆的地址，"永不迷路"迅速确定最佳的路线。屏幕上出现一个黄色箭头，电子话音告诉你"左转弯向前"，你就如愿以偿了。一位计算机地图专家称，随着对 GPS 车载地图需求量的增加，计算机式地图的价格会暴跌。他认为，像无线电一样，GPS 有望成为汽车上的一个绝对标准的特色配件。

帮助农业生产。GPS 的另一个重要商业用途是协助精确耕作。传统上，农民在地里播种、施肥、喷药时都是弄得很均匀的，而不管土质的各不相同。所谓精确耕作，就是在装有 GPS 的收割机收割时记录下田间每个地点作物收获量，然后农民将此信息加以分析，确定怎样在每块地里改变作物品种或土壤处置方法。他把制作的计划输入也装有 GPS 接收机的计算机里，以自动调整种子、肥料等的施播量。一位农业专家说："这样做的好处就跟当初引进拖拉机一样，是革命性的。"在美国一些农场，GPS 已使农业生产力提高了百分之几百。

清除海洋油污。GPS 还能帮助海洋搞"清洁卫生"。海洋上油轮等发生泄油时，可向海里丢下装有 GPS 接收机的浮标，浮标会随油漂移，并发送油污的位置信息，从而可使船员准确跟踪油污并加快其清除速度。

导盲。美国加州大学的研究人员正设法将 GPS 眼睛给予盲人。他们在研制带有话语同步器的 GPS 接收器。工作时，由计算机操纵一个包含街道、商店等路标以及如长凳等潜在障碍物的地图数据库，全部设备都装在一只背包内。研究人员中有一位地理教授，他本身也是个盲人，他说，这种 GPS 装置使人"清除了完全依赖他人的感觉"。GPS 接收机的首创者特林布尔说，他和同事们开始研制 GPS 技术时，"我们完全确信这项技术将会改变人们的生活方式"。现在，这种变化正在发生。

通信的革命

无所不能的虚拟现实技术

◎ 什么是虚拟现实

没有驾驶过飞机的人，不知道驾机飞行的感觉；未当过宇航员的人，体会不到太空飞行中失重的滋味；若不是潜水员，也很难想象人在深海中那神奇的景观。那么，没有亲身实践，能否获得真实感受呢？能，这就得靠当前正在迅速发展的虚拟现实技术，它能创造出这样一种景观：让没有经历过某种环境的人，能完全获得进入这种环境的逼真感受。虚拟现实又称"灵境技术"，外国有时还称为"信息空间"、"人工现实"、"合成环境"等。关于虚拟现实的定义，我们可以简单地理解为人与计算机生成的虚拟环境进行交互作用的技术手段。

虚拟现实

人在某种景况中的感受，无非是在这种景况中接受了各种感触信号，包括视频信号、音频信号、温度信号、气味信号、触摸信号（软硬冷热）和失重的感觉信号等。所有这些信号有机地组合在一起（包括时间次序、空间位置、信号强弱和彼此间的搭配）并作用在人的感官上，就形成了人的感受。

虚拟现实是利用各种传感器把人在某种真实景况中所能感受到的各种信号记录下来并产生逼真的虚拟景物的复杂软件，而且它拥有庞大的图形数据库，还有快速的计算与处理能力，包括存取与解释用户输入的数据，如身体位置的坐标，头部、手部等器官的位置数据以及语音与触觉等数据。一般说来，在虚拟现实系统中视景生成速度越快，使用的多边形越多，视景的效果就越逼真，因为任何一个图像都由大量的多边形组合成。据估计，完全模拟真实世界的景象约需要每秒钟为每只眼睛显示 1 亿个多边形，而目前的技术只能达到 100 万个，显示的时延为 60～70 毫秒，所显示的图像的逼真度只能达到基本满意。

◎ 虚拟现实在军事和航天领域的应用

虚拟现实系统是有人参与的综合而复杂的仿真系统。它是在飞行模拟器的基础上发展起来的，其仿真效果远优于模拟器。它在军事作战、科研设计、教学、医疗等方面有着广泛的应用前景，是改进工作、提高效率的重要手段，对某些领域来说是开展工作必不可少的手段。

美国、日本和欧洲一些国家都在加紧研究与开发虚拟现实技术，并已开始在军事与航天领域投入使用。另外，虚拟现实技术也开始在影视娱乐领域

虚拟现实技术

通信的革命

大显身手。

1988年，美国国防部高级研究计划局（ARPA）研制的"模拟器网络"（SIMENET）系统已正式投入运行。该系统又称为"近战战术训练器"，它是一个包括200多个模拟飞机、坦克等武器装备的战场环境虚拟系统，通过使用这个系统，相距数百乃至上千千米的士兵与指挥人员可以利用各自的模拟器在网络上进行联合演练，以便训练不同兵种的联合作战能力。美国空军、海军与陆军也都在研制与使用各种不同的虚拟现实系统。据报道，海湾战争中在对伊拉克实施大规模空袭之前，美国空军曾利用虚拟现实系统对空袭计划进行了演习训练，这保证了对真实目标空袭的成功。

美国国家航空航天局（NASA），于20世纪80年代初就开始研究虚拟现实技术，并于1984年研制出第一个头盔显示器——"虚拟可视环境显示器"（VIVED）。20世纪90年代以来，虚拟现实的研究规模与应用范围不断扩大。1993年12月，美国航天飞机的宇航员曾在太空成功地修复了"哈勃太空望远镜"。在此之前，宇航员利用虚拟现实系统进行了修复程序的演练，宇航员戴上数据手套、彩色头盔显示器和身体位置传感器后，与"哈勃太空望远镜"、航天飞机轨道器及其遥控机械手组成的虚拟模型，进行了虚拟的维修操作，其感觉如同在真正的太空环境中进行操作一样。如果没有虚拟现实系统的帮助，完成这样艰巨的太空修复活动是不可设想的，因为迄今美国还没有可用于这种演练的地面失重模拟设备。但是，由于所使用的虚拟现实系统的图像分辨率较低（图像分辨率为320×270像素，图像刷新速率为3.5赫），因而图像质量不太好，有抖动感。目前该系统已经过改进，采用了运算能力大得多的处理器，图像刷新速率达到20赫，逼真度有很大的提高。美国国家航空航天局计划将来用于国际空间站组装操作训练的虚拟现实系统将具有更高的

广角镜

遥感卫星

遥感卫星是指用作外层空间遥感平台的人造卫星。用卫星作为平台的遥感技术称为卫星遥感。通常，遥感卫星可在轨道上运行数年。卫星轨道可根据需要来确定。遥感卫星能在规定的时间内覆盖整个地球或指定的任何区域，当沿地球同步轨道运行时，它能连续地对地球表面某指定地域进行遥感。

性能，不仅图像质量与逼真度很高，而且允许多名宇航员同时参加训练，并能相互协调工作，还将装备有力的反馈系统，使虚拟的操作更接近真实。欧洲航天局近些年来在探讨把虚拟现实技术用于提高宇航员训练、空间机器人遥控和航天器设计水平等方面的可能性，而近期内的计划重点是开发用于宇航员舱外活动训练、月球与火星探测模拟以及把地球遥感卫星的探测数据转化为三维可视图像用的虚拟现实系统。

可以预计，在不远的将来，虚拟现实系统不仅在科研、生产、教学、商业等领域获得普遍应用，而且会进入一般家庭，成为人们获取知识乃至进行娱乐的新手段。

数字化与现代生活

关于数字化时代的报道和议论，已经沸沸扬扬了多年，对普通老百姓，特别是对中国的普通老百姓来说，数字化生活到底是什么，数字化生活到底距离我们有多远，似乎是许多人心底当然的疑问。数字化生活，信息化时代，是像人类跟外星文明取得联系那样遥遥无期，还是像过去的电视机、电冰箱、洗衣机那样近在咫尺？家中拥有电脑以及跟电脑配套使用的外部设备，是否就意味着奠定了进入数字化生活的基础？通过上网将个人和家庭生活与国际互联网建立联系，是否就意味着最终实现了数字化呢？

◎什么是数字化

以计算机和软件为核心的数字技术是人类历史上最为伟大的发明之一，它的出现并日益推广普及，在全球掀起了一场意义深远的数字化革命浪潮。数字化是以数字技术为出发点的，但数字化却并不等同于数字技术；只有当数字技术日益获得了人们的认同，并大量地应用，进而将3C（电子、电信和电脑）技术融合起来之后，广泛的数字化才出现了。

目前，数字化已经从当初较为孤立的计算机与软件时代，发展到了3C融合的时代，先是网络使相互孤立的计算机连接到一起，到现在一个庞大的互联网已经将整个人类组织到一个"地球村"中，而数字化的家电产品

通信的革命

更是让人类的日常生活也染上了数字化的色彩，数字技术的深层威力日益显现出来。

◎什么是数字化生活

随着计算机与网络的普及，数字技术正在改变人类所赖以生存的社会环境，并因此使人类的生活和工作环境具备了更多的数字化特征，也带来了人类生活和工作方式的巨大变化，这种由数字技术和数字化产品带来的全新的更丰富多彩和具有更多自由度的生活方式，我们称为"数字化生活"。

在我们今天的生活中，数字支撑人类存在的现象已经初露端倪。我们身边所有稍稍复杂的电器设备和机械设备，哪一件不大量使用数字化逻辑电路芯片？生活中的日用必需品，从简单的收音机、报时钟、厨房设备，到复杂些的电视机、洗衣机、电冰箱、空调器……生产活动中的各类运输工具，大中小所有先进的机械加工设备，先进的农业工具，还有医疗设备……我们已经把非常多的控制权交给了数字，让流动的信息成为我们人类生存的重要组成部分和运行基础。

30年前，无法想象通过数字传呼机在很短时间内找到我们亟须联系的朋友，20年前我们大多数普通百姓也无法想象依靠手机能够随时跟另一位同样拥有手机的亲人瞬间实现通话联系，而在今天，不少家庭已经可以通过数字视频电话看到在大洋彼岸读书的孩子活泼的笑容。手机、IP电话、数字视频电话，这些完全建立在数字技术基础上的现代通信工具使广漠的地球正变成为触手可及的社区，使无限遥远的空间距离瞬间展现在眼前。

20世纪70年代末出现的广播电视大学，通过广播和刚刚开始普及的电视网，让千百万渴望学习、渴望深造的中国青年圆了自己的大学梦。依靠校园网络，依靠国际互联网，依靠正普及的家庭电脑使传统教育正在发生质的改变。

在我们日常生活的各个方面，

数码相机

数字化、信息化早就在悄悄渗透，数字式摄像机、数码相机、数字录像机、数字录音机，已悄悄在我们生活中出现。厨房里使用的电冰箱、微波炉、电子橱柜，甚至燃气炉灶的里边，都有大量数字芯片在替我们操作和控制，洗衣机、空调机的控制系统，也早就不是机械式控制器，几乎所有家庭电器都带有的红外线遥控器，也都发射着由0和1构成的数字信号。

最直接的信息电器，莫过于电脑，以及跟随电脑而来的打印机、扫描仪、数字摄像头等外部设备，还有跟今天的电脑紧密相随的国际互联网。数字化设备已经在我们的日常工作和生活中快速展开，人类已经在对新技术新设备欢欣雀跃的尝试和使用中，不知不觉踏进了数字化生活的大门。

◎ 数字化生活的特点

数字新生活的特点突出体现在三个方面：智能化、个性化和网络化。

从技术的角度讲，智能化就是自动化，就是通过一系列智能技术使设备或者系统部分地具有人的智能，从而能够部分地代替人的劳动。

个性化的影响已经越来越大，一些厂商都相继推出了相应的产品和服务，而时尚化、健康化等一系列产品也正是个性化的某种形式。通过网络，人们可以将自己的需求发布出去，厂商也可以通过其网站和定制系统获得所有具有相同需求的用户的资料，进行大量的生产，或者进行单件生产。可以说，个性化是信息技术所取得的最为伟大的成就之一。

网络化是一种趋势，前期大规模的基础网络建设在这时将产生深远的影响，所有的产品、生活都将被赋予鲜明的网络特色，可见这一切都将直接或间接地与国际互联网相连。

智能化、个性化和网络化将成为继PC、基础网络后数字化发展的又一个全新的阶段，它们将成为未来信息产业发展的主要方向。在这三者中，如果说网络化是基础、是环境，个性化就是标准，智能化就是目的，就是人类千百年以来所梦寐以求的。

◎ 数字化生活的未来

那么，数字化生活到底是一幅怎样的图景呢？有人曾这样描绘：

在未来的计算机与网络无处不在的信息社会中，人们可将在日常生活中

通信的革命

想做的一切：购物、出售东西、在银行取款、支付账单、更新驾照、查阅文献、订阅新闻、学习、授课、协同工作、娱乐休闲、交友谈情、投资赚钱等。而一个最大的不同是，他们实现这一切时将变得轻而易举。因为信息无处不在，联网终端无处不在，你可以随时查到任何想要查到的信息，得到任何难题的解决支持，在任何地方都能随时作出行为决策……

在一个典型的智能化家庭中，不但内部的所有电器都连在一起，而且还与互联网融为一体，它们共同构成一个智能化的生活环境：空气探测器会随时监测空气中的灰尘，当它超过一定的标准，会对人类的健康造成危害时，空气探测器就会自动启动空气湿润装置；当空气中的烟雾超过一定的度时，空气探测器又会向火警机器人发出警报。通过电脑，你就可以收看有线电视节目，并且在你不在的时候，电脑会按时启动自动下载程序，将你喜欢的节目保存起来。电脑还可以帮你买菜，当冰箱中的菜的重量轻于某个数，这个信息就会传到电脑上，然后电脑会对所连接的商场的菜价单进行自动比较，并为你从网上购买到最便宜的菜，通过家务机器人为你添加到冰箱中……

以前，这一切只有在科幻小说中才有，但随着互联网的发展，这一切正在成为现实，这一切都预示着"数字化生活"的美好前景！